高职高专"十三五"规划教材

辽宁省职业教育改革发展示范校建设成果

高等数学

宿彦莉　王德印　主编　苏建华　韩冰冰　副主编

化学工业出版社

·北京·

《高等数学》是根据教育部制订的"高职高专教育高等数学课程教学基本要求",结合编者多年的教学实践经验,在分析调研的基础上,整合高等数学知识内容,将大量的生活实例和专业实例融入实际应用中编写而成.教材利用数学软件包 MATLAB 辅助教学,有利于提高学生利用计算机求解数学问题的能力.《高等数学》主要内容包括函数与复数、极限及应用、导数与微分、导数与微分的应用、定积分与不定积分、定积分的应用、常微分方程、无穷级数等基本内容.按章节配有相关阅读,融入了数学历史和数学文化教育.

《高等数学》可作为高职高专类高等数学课程教材,也可作为读者学习高等数学的自学参考书.

图书在版编目(CIP)数据

高等数学/宿彦莉,王德印主编. —北京:化学工业出版社,2018.9(2022.11重印)
高职高专"十三五"规划教材
ISBN 978-7-122-32776-5

Ⅰ.①高… Ⅱ.①宿…②王… Ⅲ.①高等数学-高等职业教育-教材 Ⅳ.①O13

中国版本图书馆 CIP 数据核字(2018)第 174612 号

责任编辑:满悦芝 石 磊   文字编辑:吴开亮
责任校对:宋 夏   装帧设计:张 辉

出版发行:化学工业出版社(北京市东城区青年湖南街 13 号 邮政编码 100011)
印　　装:北京七彩京通数码快印有限公司
710mm×1000mm 1/16 印张 9¼ 字数 156 千字 2022 年 11 月北京第 1 版第 6 次印刷

购书咨询:010-64518888   售后服务:010-64518899
网　　址:http://www.cip.com.cn
凡购买本书,如有缺损质量问题,本社销售中心负责调换.

定　　价:29.80 元   版权所有 违者必究

序

世界职业教育发展的经验和我国职业教育的历程都表明,职业教育是提高国家核心竞争力的要素之一。近年来,我国高等职业教育发展迅猛,成为我国高等教育的重要组成部分。《国务院关于加快发展现代职业教育的决定》、教育部《关于全面提高高等职业教育教学质量的若干意见》中都明确要大力发展职业教育,并指出职业教育要以服务发展为宗旨,以促进就业为导向,积极推进教育教学改革,通过课程、教材、教学模式和评价方式的创新,促进人才培养质量的提高。

盘锦职业技术学院依托于省示范校建设,近几年大力推进以能力为本位的项目化课程改革,教学中以学生为主体,以教师为主导,以典型工作任务为载体,对接德国双元制职业教育培训的国际轨道,教学内容和教学方法以及课程建设的思路都发生了很大的变化。因此开发一套满足现代职业教育教学改革需要、适应现代高职院校学生特点的项目化课程教材迫在眉睫。

为此学院成立专门机构,组成课程教材开发小组。教材开发小组实行项目管理,经过企业走访与市场调研、校企合作制定人才培养方案及课程计划、校企合作制定课程标准、自编讲义、试运行、后期修改完善等一系列环节,通过两年多的努力,顺利完成了四个专业类别20本教材的编写工作。其中,职业文化与创新类教材4本,化工类教材5本,石油类教材6本,财经类教材5本。本套教材内容涵盖较广,充分体现了现代高职院校的教学改革思路,充分考虑了高职院校现有教学资源、企业需求和学生的实际情况。

职业文化类教材突出职业文化实践育人建设项目成果;旨在推动校园文化与企业文化的有机结合,实现产教深度融合、校企紧密合作。教师在深入企业调研的基础上,与合作企业专家共同围绕工作过程系统化的理论原则,按照项目化课程设计教材内容，力图满足学生职业核心能力和职业迁移能力提升的需要。

化工类教材在项目化教学改革背景下，采用德国双元培育的教学理念，通过对化工企业的工作岗位及典型工作任务的调研、分析，将真实的工作任务转化为学习任务，建立基于工作过程系统化的项目化课程内容，以"工学结合"为出发点，根据实训环境模拟工作情境，尽量采用图表、图片等形式展示，对技能和技术理论做全面分析，力图体现实用性、综合性、典型性和先进性的特色。

石油类教材涵盖了石油钻探、油气层评价、油气井生产、维修和石油设备操作使用等领域，拓展发展项目化教学与情境教学，以利于提高学生学习的积极性、改善课堂教学效果，对高职石油类特色教材的建设做出积极探索。

财经类教材采用理实一体的教学设计模式，具有实战性；融合了国家全新的财经法律法规，具有前瞻性；注重了与其他课程之间的联系与区别，具有逻辑性；内容精准、图文并茂、通俗易懂，具有可读性。

在此，衷心感谢为本套教材策划、编写、出版付出辛勤劳动的广大教师、相关企业人员以及化学工业出版社的编辑们。尽管我们对教材的编写怀抱敬畏之心，坚持一丝不苟的专业态度，但囿于自己的水平和能力，错误和疏漏之处在所难免。敬请学界同仁和读者不吝指正。

周铭

盘锦职业技术学院　院长
2018 年 9 月

前言

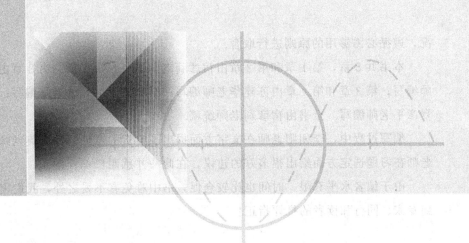

本教材的编写理念是以服务专业为重点,培养学生的职业通用能力;以职业需求为导向,加强学生的文化素质教育.教材吸收了项目化教学改革中的成功经验和一线教师的反馈意见,摒弃陈旧内容及复杂运算,增加 MATLAB 数学软件应用案例(附录).教材特点如下.

1. 注重素质.高等数学是高职高专院校各专业必修的一门重要的公共基础课.它不仅是学生学习后续专业课程的基础和工具,而且对培养学生的思维素质、创新能力、科学精神、治学态度也有着非常重要的作用.为此,在学习目标中我们特别提出了素质目标.

2. 贴近专业.本教材根据专业特点和生活实际,找出与知识模块相对应的实际问题.比如,用函数思想解决旅行帽的扣眼间距问题、用定积分方法求解圆形排水管道闸板所受的压力问题等,与传统教材形成鲜明对比.

3. 趣味引导.版式设计活泼,在板块前,加上学习目标,对本章内容明确要求;每章后面都有相关阅读,涵盖趣味数学史、数学家故事、生活及专业中问题的数学解释等内容,提高了学生的学习兴趣.

4. 探究学习.本教材结合重点内容,在应用章节设计合适的问题,明确任务目标,知识链接后,通过数学知识和方法解决问题.形成了问题需要数学知识,学习数学知识是为了解决问题,掌握数学知识能够解决问题的循环过程;体现了探究式学习的教育理念,达到了智慧启迪的教育目的.

本书分别介绍了函数与复数、极限及应用、导数与微分、导数与微分的应用、定积分与不定积分、定积分的应用、常微分方程、无穷级数等基本内容和简单应用.书中标有"*"的内容是选学内容,在授课过程中,教师可根据各专业教学实际情况，遵循必需够用的原则进行取舍.

本书共 8 章，第 1 章和第 2 章由宿彦莉老师编写；第 5 章和第 8 章由王德印老师编写；第 3 章和第 4 章由苏建华老师编写；第 7 章由韩冰冰老师编写；第 6 章由夏彦平老师编写。全书由宿彦莉老师统稿.

编写过程中，李朝阳老师在文字方面提出了宝贵的意见；孙会英老师、郎禹颀老师在习题选定方面给出很多好的建议，在此一并感谢！

由于编者水平有限，时间也比较仓促，书中难免有不妥之处，我们衷心希望得到专家、同行和读者的批评指正！

编者
2018 年 9 月

目 录

第1章　函数与复数

1.1　函数 ·· 1
  1.1.1　函数及其性质 ··· 1
  1.1.2　初等函数 ·· 5
  1.1.3　函数关系的建立 ··· 6
1.2　复数* ··· 8
  1.2.1　复数及其代数运算 ·· 8
  1.2.2　复数的几何表示 ··· 9

第2章　极限及应用

2.1　极限的概念 ··· 17
  2.1.1　$x \to \infty$时函数的极限 ··· 17
  2.1.2　$x \to x_0$时函数的极限 ··· 18
2.2　极限的运算 ··· 19
  2.2.1　极限四则运算法则 ·· 19
  2.2.2　两个重要极限 ··· 20
2.3　极限的应用 ··· 22

第3章　导数与微分

3.1　导数概念 ··· 26
3.2　导数基本公式与四则运算法则 ·· 30
  3.2.1　导数基本公式 ··· 30

3.2.2 导数的四则运算法则 ·· 30
3.2.3 复合函数的导数 ·· 31
3.2.4 隐函数的导数 ·· 32
3.2.5 由参数方程所确定的函数的导数 ································ 33
3.3 高阶导数 ·· 34
3.4 函数的微分 ·· 35
3.4.1 微分的概念 ·· 36
3.4.2 微分的运算 ·· 37

第4章 导数的应用

4.1 洛必达法则 ·· 42
4.1.1 洛必达法则(一) ·· 42
4.1.2 洛必达法则(二) ·· 42
4.2 函数的单调性与极值 ·· 45
4.2.1 函数的单调性 ·· 45
4.2.2 函数的极值 ·· 47
4.3 函数的最值 ·· 51
4.3.1 最值存在问题 ·· 51
4.3.2 最大值和最小值的求解方法 ································ 51
4.3.3 最值的应用 ·· 52

第5章 定积分与不定积分

5.1 定积分的概念与性质 ·· 57
5.1.1 定积分的概念 ·· 57
5.1.2 定积分的几何意义 ·· 60
5.1.3 定积分的基本性质 ·· 61
5.2 不定积分的概念与性质 ·· 63
5.2.1 不定积分的概念 ·· 63
5.2.2 不定积分的性质 ·· 64
5.3 微积分基本公式 ·· 66
5.3.1 变上限定积分 ·· 66
5.3.2 牛顿-莱布尼茨公式 ·· 67
5.4 积分的计算方法 ·· 69
5.4.1 积分的换元积分法 ·· 69

5.4.2 积分的分部积分法 ··· 72
5.5 广义积分* ·· 75

第6章 定积分的应用

6.1 定积分的微元法 ··· 80
6.2 定积分的几何应用 ·· 81
6.3 定积分的物理应用 ·· 84

第7章 常微分方程

7.1 微分方程的基本概念 ·· 91
7.2 一阶微分方程 ··· 94
7.2.1 可分离变量的微分方程 ··· 94
7.2.2 一阶线性微分方程 ··· 95
7.3 二阶常系数线性微分方程 ··· 96
7.3.1 二阶常系数齐次线性微分方程的解法 ·· 97
7.3.2 二阶常系数非齐次线性微分方程的解法 ·· 98

第8章 无穷级数*

8.1 数项级数 ··· 107
8.1.1 数项级数的概念及性质 ··· 108
8.1.2 正项级数的敛散性 ··· 111
8.1.3 交错级数的敛散性 ··· 113
8.1.4 绝对收敛与条件收敛 ·· 114
8.2 幂级数ᅟ··· 116
8.2.1 幂级数的收敛半径与收敛域 ··· 116
8.2.2 函数的幂级数展开式 ·· 120

附录

附录一 常用基本初等函数的图像和性质 ··· 128
附录二 常用积分基本公式 ··· 129
附录三 用 MATLAB 软件求解举例 ··· 130

参考文献

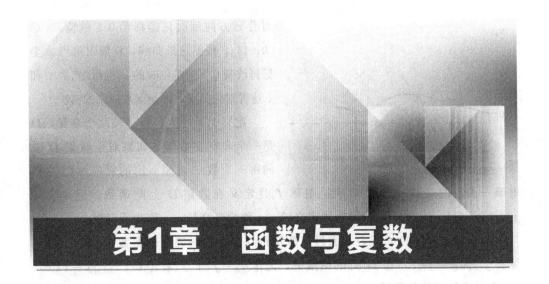

第1章 函数与复数

学习目标

知识目标

理解函数的概念与性质、会求函数的定义域.

理解复合函数概念，能够写出复合函数的复合结构.

理解复数的概念，能够进行复数的计算.

能力目标

培养学生的分析能力和建模能力，利用函数思想解决实际问题.

素质目标

能够发现实际问题的函数关系，实现由中学到大学的过渡.

函数是高等数学的主要研究对象，复数是工科数学的常用概念.本章在复习函数和复数的基础上，完成中学到大学的知识衔接.

1.1 函数

函数一词，是微积分的奠基人——德国哲学家兼数学家莱布尼茨首先采用的. 1837 年，德国数学家狄利克雷抽象出了人们易于接受且较为合理的函数概念.

1.1.1 函数及其性质

(1) 函数的概念

【引例 1.1】 程控铣床加工一机翼断面的下轮廓线，如图 1-1 所示，若工艺要求铣

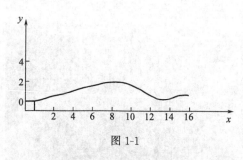

图 1-1

刀沿 x 方向每次只能移动 0.1 单位，$x \in [0, 16]$，根据这条曲线，就能求出当 x 坐标每改变 0.1 个单位时的 y 坐标. 变量 x 和 y 这种对应关系，即是函数概念的实质.

定义 1.1 设 x 和 y 是两个变量，D 是一个非空实数集，如果对于数集 D 中的每一个数 x 按照一定的对应法则 f 都有唯一确定的实数 y 与之对应，则称 f 是定义在数集 D 上的**函数**，记作 $y = f(x)$，$x \in D$. 其中 D 称为函数的**定义域**，x 称为自变量，y 称为**因变量**.

如果对于确定的 $x_0 \in D$，通过对应法则 f，有唯一确定的实数 y_0 与之对应，则称 y_0 为 $y = f(x)$ 在 x_0 处的**函数值**，记作 $y_0 = f(x_0)$. 集合 $Y = \{y | y = f(x), x \in D\}$ 称为函数的**值域**.

(2) 函数的表示法

① 解析法：用一个等式来表示两个变量的函数关系. 如一次函数 $y = kx + b$ (k, b 为常数，且 $k \neq 0$).

② 列表法：列出表格来表示两个变量的函数关系. 如三角函数表.

③ 图像法：用函数图像表示两个变量之间的关系. 如二次函数图像.

(3) 函数的两个要素

函数的对应法则和定义域称为函数的两个要素. 函数的对应法则通常由函数的解析式给出，函数的值域由定义域和对应法则确定. 函数的定义域是使函数表达式有意义的自变量取值的全体. 在实际问题中，函数的定义域要由问题的实际意义确定. 在求函数的定义域时，应注意：分式函数的分母不能为零；偶次根式的被开方式必须大于等于零；对数函数的真数必须大于零；反正弦函数与反余弦函数的定义域为 $[-1, 1]$ 等，如果函数表达式中含有上述几种函数，则应取各部分定义域的交集.

两个函数只有当定义域和对应法则都相同时，才是同一个函数. 例如，函数 $y = \sqrt{x^2}$ 与 $y = |x|$ 是相同的函数；而函数 $f(x) = \lg x^2$ 与 $g(x) = 2\lg x$ 因定义域不同而不是相同函数.

【例 1.1.1】 求函数 $f(x) = \lg(1-x) + \sqrt{x+4}$ 的定义域.

解： 当且仅当 $1 - x > 0$ 且 $x + 4 \geqslant 0$ 时，$f(x)$ 才有意义，即 $-4 \leqslant x < 1$，所以函数的定义域为 $[-4, 1)$.

【例 1.1.2】 已知 $f(x)=x^3+1$，求 $f(a-1)$ 及 $f\left(\dfrac{1}{x}\right)$.

解：$f(a-1)=(a-1)^3+1=a^3-3a^2+3a$；$f\left(\dfrac{1}{x}\right)=\left(\dfrac{1}{x}\right)^3+1=\dfrac{1}{x^3}+1$.

【例 1.1.3】 已知 $f(x+1)=x^2-x+1$，求 $f(x)$.

解：令 $x+1=t$，则 $x=t-1$，从而 $f(t)=(t-1)^2-(t-1)+1=t^2-3t+3$. 所以 $f(x)=x^2-3x+3$.

（4）几种常见函数简介

1) **分段函数**

有些函数在定义域的不同的范围内有不同的表达式，这样的函数叫做分段函数.

在电子技术中常遇到的矩形脉冲 $u=\begin{cases} E, & 0\leqslant t<\dfrac{T}{2} \\ -E, & \dfrac{T}{2}\leqslant t<T \end{cases}$ 如图 1-2 所示.

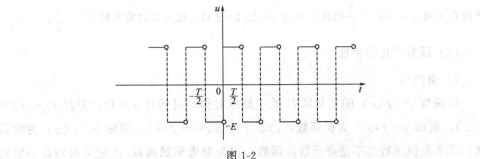

图 1-2

【例 1.1.4】 设 $f(x)=\begin{cases} 1, & x>0 \\ 0, & x=0 \\ -1, & x<0 \end{cases}$，求 $f(3)$，$f(0)$，$f(-5)$.

解：$f(3)=1$，$f(0)=0$，$f(-5)=-1$.

2) **隐函数**

通常将形如 $y=f(x)$ 的函数称为**显函数**；由二元方程 $F(x,y)=0$ 确定的函数称为**隐函数**.有些隐函数可以通过一定的运算，把它转化为显函数，例如 $x^2+y^2=4$ 可以化为显函数 $y=\pm\sqrt{4-x^2}$；但有些隐函数却不能化为显函数，例如 $\mathrm{e}^x+xy-\mathrm{e}^y=0$.

3) 参数方程确定的函数

由参数方程 $\begin{cases} x=\varphi(t) \\ y=\psi(t) \end{cases}$ $(t \in I \subseteq R)$ 来表示 x 与 y 之间的函数关系,称为由参数方程确定的函数.例如,由参数方程 $\begin{cases} x=\cos t \\ y=\sin t \end{cases}$ $(0 \leqslant t \leqslant \pi)$,可以确定函数 $y=\sqrt{1-x^2}$,$x \in [-1,1]$.

4) 反函数

设 $y=f(x)$ 为定义在数集 D 上的 x 的函数,其值域为 M.若对于数集 M 中的每一个数 y,数集 D 中都有唯一的数 x,使得 $f(x)=y$,则称由此确定的函数为 $y=f(x)$ 的反函数,记为 $y=f^{-1}(x)$,其定义域为 M,值域为 D.

注:只有严格单调的函数才有反函数.

【**例 1.1.5**】 求函数 $y=\dfrac{1}{2}e^x-\dfrac{3}{2}$ 的反函数,并确定反函数的定义域.

解:由 $y=\dfrac{1}{2}e^x-\dfrac{3}{2}$ 得 $e^x=2y+3$,即 $x=\ln(2y+3)$.将上式中的 x、y 互换,因此得到函数 $y=\dfrac{1}{2}e^x-\dfrac{3}{2}$ 的反函数为 $y=\ln(2x+3)$,反函数的定义域为 $\left(-\dfrac{3}{2},+\infty\right)$.

(5) 函数的几种特性

1) 奇偶性

设函数 $y=f(x)$ 的定义域 D 关于原点对称,对任意 $x \in D$:①若 $f(-x)=f(x)$,则称 $y=f(x)$ 为**偶函数**;②若 $f(-x)=-f(x)$,则称 $y=f(x)$ 为**奇函数**;③不是偶函数也不是奇函数的函数,称为**非奇非偶函数**.由定义可知奇函数的图像关于原点对称,偶函数的图像关于 y 轴对称.

【**例 1.1.6**】 判断下列函数的奇偶性:

① $f(x)=x(x+\sin x)$;② $f(x)=\ln(x+\sqrt{x^2+1})$;③ $y=x^3+2$.

解:① $f(-x)=(-x)[(-x)+\sin(-x)]=-x(-x-\sin x)=x(x+\sin x)=f(x)$,所以 $f(x)=x(x+\sin x)$ 是偶函数.

② 因为 $f(-x)=\ln(-x+\sqrt{x^2+1})=\ln\dfrac{1}{x+\sqrt{x^2+1}}=-\ln(x+\sqrt{x^2+1})=-f(x)$,所以 $f(x)=\ln(x+\sqrt{x^2+1})$ 是奇函数.

③ 因为 $f(-x)=(-x)^3+2=-x^3+2$,它既不等于 $f(x)$,也不等于 $-f(x)$,所以 $y=x^3+2$ 为非奇非偶函数.

2) 周期性

设 T 为一个不为零的常数,如果函数 $y=f(x)$ 对于任意 $x\in D$,都有 $x+T\in D$,且 $f(T+x)=f(x)$,则称 $y=f(x)$ 是**周期函数**.使上述关系式成立的最小正数 T,称为函数 $y=f(x)$ 的**周期**.例如函数 $y=\sin x$ 和 $y=\cos x$ 都是以 2π 为周期的周期函数.

3) 单调性

设函数 $y=f(x)$ 在区间 (a,b) 内有定义,对于任意 $a<x_1<x_2<b$:

① 若 $f(x_1)<f(x_2)$,则称 $y=f(x)$ 在区间 (a,b) 内为**单调递增函数**,这时 (a,b) 为 $y=f(x)$ 的**单调递增区间**.

② 若 $f(x_1)>f(x_2)$,则称 $y=f(x)$ 在区间 (a,b) 内为**单调递减函数**,这时 (a,b) 为 $y=f(x)$ 的**单调递减区间**.

例如函数 $y=x^2$ 在 $(-\infty,0)$ 上是减函数,在 $(0,+\infty)$ 上是增函数.

4) 有界性

设函数 $y=f(x)$ 的定义域为 D,如果存在一个正数 M,使得对任意 $x\in D$,恒有 $|f(x)|\leqslant M$ 成立,则称 $y=f(x)$ 在 D 上**有界**;如果不存在这样的正数,则称 $y=f(x)$ 在 D 上无界.例如,函数 $y=\sin x$ 在其定义域 $(-\infty,+\infty)$ 上是有界的;$y=\ln x$ 在定义域 $(0,+\infty)$ 上是无界的.

1.1.2 初等函数

(1) 基本初等函数

我们称下列 6 种函数为基本初等函数.

① 常数函数:$y=c$,$x\in(-\infty,+\infty)$(其中 c 是已知常数).

② 幂函数:$y=x^\alpha$,$x\in(0,+\infty)$(α 为任意实数).

③ 指数函数:$y=a^x$,$x\in(-\infty,+\infty)$($a>0$ 且 $a\neq 1$).

④ 对数函数:$y=\log_a x$,$x\in(0,+\infty)$($a>0$ 且 $a\neq 1$).

⑤ 三角函数:正弦函数 $y=\sin x$,$x\in(-\infty,+\infty)$;

余弦函数 $y=\cos x$,$x\in(-\infty,+\infty)$;

正切函数 $y=\tan x$,$x\neq k\pi+\dfrac{\pi}{2}$,$k\in Z$;

余切函数 $y=\cot x$,$x\neq k\pi$,$k\in Z$;

正割函数 $y=\sec x=\dfrac{1}{\cos x}$(不做详细讨论);

余割函数 $y = \csc x = \dfrac{1}{\sin x}$（不做详细讨论）.

⑥ 反三角函数：反正弦函数 $y = \arcsin x$，$x \in [-1, 1]$；

反余弦函数 $y = \arccos x$，$x \in [-1, 1]$；

反正切函数 $y = \arctan x$，$x \in (-\infty, +\infty)$；

反余切函数 $y = \operatorname{arccot} x$，$x \in (-\infty, +\infty)$.

它们的性质和图像在中学数学里已经学过，在此不再赘述（详见附录一）.

(2) 复合函数

设函数 $y = f(u)$ 的定义域与函数 $u = \varphi(x)$ 的值域的交集非空. 则称函数 $y = f[\varphi(x)]$ 是由 $y = f(u)$ 与 $u = \varphi(x)$ 复合而成的**复合函数**，其中 u 称为**中间变量**.

【**例 1.1.7**】 求函数 $y = \sqrt{u}$ 与 $u = 1 - x^2$ 的复合函数.

解：将 $u = 1 - x^2$ 代入到 $y = \sqrt{u}$ 得复合函数 $y = \sqrt{1 - x^2}$，$x \in [-1, 1]$.

不是任何两个函数都能复合成一个复合函数. 如 $y = \arcsin u$ 与 $u = 2 + x^2$ 就不能复合成一个复合函数.

利用复合函数不仅能将若干个简单的函数复合成一个函数，还可以把一个较复杂的函数分解成几个简单的函数.

【**例 1.1.8**】 指出复合函数 $y = \sin^2(x+1)$ 是由哪些函数复合成的.

解：$y = \sin^2(x+1)$ 是由 $y = u^2$，$u = \sin v$，$v = x + 1$ 复合而成.

(3) 初等函数

定义 1.2 由基本初等函数经过有限次四则运算和有限次复合，并能用一个解析式表示的函数，称为**初等函数**.

例如：$y = \sqrt{\ln 5x + 3^x + \sin^2 x}$，$y = \arcsin(x - 2)$ 等都是初等函数. 而分段函数不是初等函数.

1.1.3 函数关系的建立

构造函数是函数思想的重要体现，运用函数思想要善于抓住事物在运动过程中那些保持不变的规律和性质. 下面举例介绍运用函数思想来解决实际问题.

【**例 1.1.9**】 某种旅行帽的沿接有两个塑料帽带，其中一个塑料帽带上有 7 个等距的小圆柱体扣，另一个帽带上扎有 7 个等距的扣眼，用第一个扣分别去扣不同扣眼所测得帽圈直径的有关数据（单位：cm）如表 1-1 所示.

表 1-1

扣眼号数(x)	1	2	3	4	5	6	7
帽圈直径(y)	22.92	22.60	22.28	21.96	21.64	21.32	21.00

① 求帽圈直径 y 与扣眼号数 x 之间的函数关系式；

② 小明的头围约为 68.94cm，他将第一个扣扣到第 4 号扣眼，你认为松紧合适吗？

解：① 读者可根据统计数据，画出它们相应的散点图.可以看出与以前所学过的一次函数的图像（直线）较为接近.由此确定近似的函数关系.设一次函数关系式 $y=kx+b(k\neq 0)$，依题意可得

$$\begin{cases} k+b=22.92 \\ 2k+b=22.60 \end{cases},\ \text{解得}\ \begin{cases} k=-0.32 \\ b=23.24 \end{cases},\ \text{所以函数关系式为}\ y=-0.32x+23.24.$$

② 当 $x=4$ 时，$y=-0.32\times 4+23.24=21.96$，$c=\pi y=\pi\times 21.96\approx 68.95$，而 $68.95-68.94=0.01$（cm），因为 0.01cm 很小，所以将第一扣扣到第 4 扣时合适.

学习思考 1.1

1. 分段函数 $f(x)=\begin{cases} 2x+3,\ x\in[-1,0) \\ x^3,\ x\in[1,2] \end{cases}$ 的定义域是什么？

2. 任意两个函数都可以复合成一个复合函数吗？

同步训练 1.1

1. 下列各题中，函数 $f(x)$ 与 $g(x)$ 是否是同一个函数，为什么？

(1) $f(x)=\dfrac{1}{x+1}$，$g(x)=\dfrac{x-1}{x^2-1}$　　(2) $f(x)=\ln x^5$，$g(x)=5\ln x$

2. 求下列函数的定义域

(1) $y=\dfrac{1}{\lg(2-x)}+\sqrt{x+1}$　　(2) $y=\sqrt{4-x^2}+\ln(2x-1)$

3. 判断下列函数的奇偶性

(1) $y=x\sin x-\cos x$　　(2) $y=\ln(\sqrt{1+x^2}-x)$

4. 下列函数中，哪些是周期函数？并指出其周期

(1) $y=\sin^2 x$　　(2) $y=|\cos x|$　　(3) $y=\cos\pi x$　　(4) $y=\tan 4x$

5. 设函数 $f(x)=\dfrac{x^2}{x-3}$，求 $f(0)$，$f(1)$，$f(-x+1)$.

6. 求由函数 $y=\lg u$, $u=v^2$, $v=3+t$ 复合而成的复合函数.

7. 指出下列各函数的复合过程

(1) $y=(1+x)^5$ (2) $y=\sqrt{\tan x}$

(3) $y=e^{-\sin\frac{1}{x}}$ (4) $y=\ln\cos(x^2-1)$

8. 已知一有盖的圆柱形铁桶容积为 V, 试建立圆柱形铁桶的表面积 S 与底面半径 r 之间的函数关系式.

9. 某厂生产某种产品 2000 吨, 定价为 180 元/吨, 销售量在不超过 1200 吨时, 按原价出售, 超过 1200 吨时, 超过部分按 8 折出售, 试求销售收入与销售量之间的函数关系.

1.2 复数*

1.2.1 复数及其代数运算

(1) 复数的概念

形如 $z=x+yi$ 的数称为复数, 其中 x 和 y 是任意实数, i 称为虚数单位, 并且规定 $i^2=-1$.

实数 x 和 y 分别称为复数 z 的实部和虚部, 记为 $x=\text{Re}z$, $y=\text{Im}z$.

全体复数构成的集合称为复数集, 记作 C, 即 $C=\{z=x+yi, x\in R, y\in R\}$

$$\text{复数 } z=x+yi \begin{cases} \text{实数 } x(y=0) \begin{cases} \text{有理数} \\ \text{无理数} \end{cases} \\ \text{虚数 } x+yi(y\neq 0) \begin{cases} \text{纯虚数 } (x=0, y\neq 0) \\ \text{非纯虚数 } (x\neq 0, y\neq 0) \end{cases} \end{cases}$$

① 复数相等的概念: 设 $z_1=a+bi$, $z_2=c+di$, 则 $z_1=z_2 \Leftrightarrow a=c$ 且 $b=d$.

② $z=x+yi=0 \Leftrightarrow x=0$ 且 $y=0$.

③ 复数 $\bar{z}=x-yi$ 称为 $z=x+yi$ 的共轭复数.

如: $z=1-2i$ 则 $\bar{z}=1+2i$.

(2) 复数的代数运算

对以上定义的复数, 我们规定其运算方法. 由于实数是复数的特例, 因此复数的运算法则实施于实数时, 应与实数的运算结果相符. 同时复数运算应能够满足实数运算的一般规律.

① $z_1 \pm z_2 = (a \pm c) + i(b \pm d)$

② $z_1 z_2 = (ac-bd) + \mathrm{i}(ad+bc)$

③ $\dfrac{z_1}{z_2} = \dfrac{ac+bd}{c^2+d^2} + \mathrm{i}\dfrac{bc-ad}{c^2+d^2}$ $(z_2 \neq 0)$

例如：$(3-2\mathrm{i})(2+3\mathrm{i}) = 12+5\mathrm{i}$

$$\dfrac{3-2\mathrm{i}}{2+3\mathrm{i}} = \dfrac{(3-2\mathrm{i})(2-3\mathrm{i})}{(2+3\mathrm{i})(2-3\mathrm{i})} = -\mathrm{i}$$

(3) 复数满足的运算律

① 交换律
$$z_1 + z_2 = z_2 + z_1$$

② 结合律
$$z_1 + (z_2 + z_3) = (z_1 + z_2) + z_3; \quad z_1(z_2 z_3) = (z_1 z_2)z_3$$

③ 分配律
$$z_1(z_2 + z_3) = z_1 z_2 + z_1 z_3$$

1.2.2 复数的几何表示

(1) 复平面

给定复数 $z = a + b\mathrm{i}$，则有一有序实数对 (a,b) 与之相对应，于是全体复数与 xOy 平面上的点之间可建立一一对应关系，即点 (a,b) 对应复数 $z = a + b\mathrm{i}$.

由于 x 轴上的点对应实数，故 x 轴称为实轴；y 轴上除原点外的点对应纯虚数，故 y 轴称为虚轴. 这样表示复数 z 的平面称为复平面.

(2) 复数的模与幅角

给定复数 $z = a + b\mathrm{i}$ 对应点 $M(a,b)$，连接 OM，得到向量 $\overrightarrow{OM}$，如图 1-3 所示. 于是复数 $z = a + b\mathrm{i}$，点 $M(a,b)$，向量 $\overrightarrow{OM}$ 之间建立起一一对应关系. 将 $|\overrightarrow{OM}| = r$ 称为复数的模，记作 $|z|$，即 $|z| = |\overrightarrow{OM}| = r = \sqrt{a^2+b^2}$，由实轴的正向到向量 $\overrightarrow{OM}$ 之间的夹角 θ 称为复数 z 的幅角，记作 $Argz$.

显然 $Argz$ 有无穷多个值，其中任意两个值相差 2π 的整数倍，但只有一个值 θ_0 满足 $-\pi < \theta_0 \leqslant \pi$，称 θ_0 为复数 z 的幅角的主值，记作 $argz$（注：幅角主值在数学中取 $[0, 2\pi)$，在电学中取 $(-\pi, \pi]$）.

设复数 $z = x + y\mathrm{i}$ 则 $Argz = 2k\pi +$

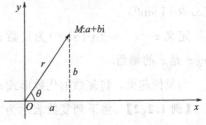

图 1-3

$argz$,$k \in Z$,$argz \in (-\pi, \pi]$

$$\tan(argz) = \frac{y}{x}$$

幅角的主值 $argz$ 由 $\tan(argz) = \frac{y}{x}$ 的值、(x,y) 所在象限及 $argz \in (-\pi, \pi]$ 所确定.

当 $z=0$ 时，$|z|=0$，而幅角不定.

【例 1.2.1】 求下列复数的模及幅角：

① $\sqrt{3}+i$；② -2；③ $3-4i$；④ $3i$.

解：① $r = |\sqrt{3}+i| = \sqrt{(\sqrt{3})^2+1^2} = 2$

$\tan\theta = \frac{y}{x} = \frac{1}{\sqrt{3}} = \frac{\sqrt{3}}{3}$ 又 $(\sqrt{3},1)$ 在第 I 象限，所以 $\theta = argz = \frac{\pi}{6}$,

所以 $Argz = 2k\pi + \frac{\pi}{6}$，$k \in z$;

② $r = |-2| = 2$，又 -2 在 x 轴负半轴上，所以 $\theta = argz = \pi$，所以 $Argz = 2k\pi + \pi$，$k \in z$;

③ $r = |3-4i| = \sqrt{3^2+(-4)^2} = 5$，$\tan\theta = \frac{y}{x} = \frac{-4}{3}$ 又 $(3,-4)$ 在第 IV 象限，所以 $\theta = argz = -\arctan\frac{4}{3}$，所以 $Argz = 2k\pi - \arctan\frac{4}{3}$，$k \in z$;

④ $r = |3i| = 3$，又 $3i$ 在 y 轴上半轴上，所以 $\theta = argz = \frac{\pi}{2}$，所以 $Argz = 2k\pi + \frac{\pi}{2}$，$k \in z$.

(3) 复数的三角形式

由图 1-3 所示，$a = r\cos\theta$，$b = r\sin\theta$ 则 $z = a + bi = r\cos\theta + i\, r\sin\theta = r(\cos\theta + i\sin\theta)$

定义 $z = r(\cos\theta + i\sin\theta)$ 为复数 $z = a+bi$ 的三角形式，其中 r 是 z 的模，$\theta = Argz$ 是 z 的幅角.

为简便起见，将复数的代数形式 $z = a+bi$ 化为三角形式时，θ 一般取幅角主值.

【例 1.2.2】 将下列复数表示为三角形式：

① $-1+\sqrt{3}i$；② $3-2i$；③ $-3i$.

解：① $r=|-1+\sqrt{3}\mathrm{i}|=\sqrt{(\sqrt{3})^2+(-1)^2}=2$，$\tan\theta=\dfrac{y}{x}=\dfrac{\sqrt{3}}{-1}=-\sqrt{3}$，且 $(-1,\sqrt{3})$ 在第 II 象限，而 $\theta\in(-\pi,\pi]$，所以 $\theta=\pi-\dfrac{\pi}{3}=\dfrac{2\pi}{3}$，所以 $-1+\sqrt{3}\mathrm{i}=2\left(\cos\dfrac{2\pi}{3}+\mathrm{i}\sin\dfrac{2\pi}{3}\right)$.

② $r=\sqrt{3^2+(-2)^2}=\sqrt{13}$，$\tan\theta=\dfrac{y}{x}=-\dfrac{2}{3}$，且 $(3,-2)$ 在第 IV 象限，所以 $\theta=-\arctan\dfrac{2}{3}$.

所以 $3-2\mathrm{i}=\sqrt{13}\left[\cos\left(-\arctan\dfrac{2}{3}\right)+\mathrm{i}\sin\left(-\arctan\dfrac{2}{3}\right)\right]$.

③ $r=3$，又因为 $-3\mathrm{i}$ 在 y 轴的下半轴上，所以 $\theta=-\dfrac{\pi}{2}$，所以 $-3\mathrm{i}=3\left[\cos\left(-\dfrac{\pi}{2}\right)+\mathrm{i}\sin\left(-\dfrac{\pi}{2}\right)\right]$.

(4) 复数的指数形式

设 $z=r(\cos\theta+\mathrm{i}\sin\theta)$，由欧拉公式 $\mathrm{e}^{\mathrm{i}\theta}=\cos\theta+\mathrm{i}\sin\theta$，有 $z=r(\cos\theta+\mathrm{i}\sin\theta)=r\mathrm{e}^{\mathrm{i}\theta}$，则 $z=r\mathrm{e}^{\mathrm{i}\theta}$ 称为复数 z 的指数形式，其中幅角 θ 的单位只能是弧度.

【例 1.2.3】 将下列复数表示为指数形式：

① $\sqrt{3}(\cos150°+\mathrm{i}\sin150°)$；② $\cos\dfrac{\pi}{6}-\mathrm{i}\sin\dfrac{\pi}{6}$.

解：① $\sqrt{3}(\cos150°+\mathrm{i}\sin150°)=\sqrt{3}\left(\cos\dfrac{5}{6}\pi+\mathrm{i}\sin\dfrac{5}{6}\pi\right)=\sqrt{3}\,\mathrm{e}^{\mathrm{i}\frac{5\pi}{6}}$

② $\cos\dfrac{\pi}{6}-\mathrm{i}\sin\dfrac{\pi}{6}=\cos\left(-\dfrac{\pi}{6}\right)+\mathrm{i}\sin\left(-\dfrac{\pi}{6}\right)=\mathrm{e}^{-\mathrm{i}\frac{\pi}{6}}$

【例 1.2.4】 用 $\mathrm{e}^{\mathrm{i}\theta}$ 与 $\mathrm{e}^{-\mathrm{i}\theta}$ 表示 $\cos\theta$ 与 $\sin\theta$.

解：$\mathrm{e}^{\mathrm{i}\theta}=\cos\theta+\mathrm{i}\sin\theta$，$\mathrm{e}^{-\mathrm{i}\theta}=\cos(-\theta)+\mathrm{i}\sin(-\theta)=\cos\theta-\mathrm{i}\sin\theta$，

所以 $\cos\theta=\dfrac{1}{2}(\mathrm{e}^{\mathrm{i}\theta}+\mathrm{e}^{-\mathrm{i}\theta})$，$\sin\theta=\dfrac{1}{2\mathrm{i}}(\mathrm{e}^{\mathrm{i}\theta}-\mathrm{e}^{-\mathrm{i}\theta})$.

(5) 复数三角形式、指数形式的乘法，除法，乘方，开方运算

设 $z=r(\cos\theta+\mathrm{i}\sin\theta)=r\mathrm{e}^{\mathrm{i}\theta}$，$z_1=r_1(\cos\theta_1+\mathrm{i}\sin\theta_1)=r_1\mathrm{e}^{\mathrm{i}\theta_1}$，$z_2=r_2(\cos\theta_2+\mathrm{i}\sin\theta_2)=r_2\mathrm{e}^{\mathrm{i}\theta_2}$

则① $z_1z_2=r_1r_2[\cos(\theta_1+\theta_2)+\mathrm{i}\sin(\theta_1+\theta_2)]=r_1r_2\mathrm{e}^{\mathrm{i}(\theta_1+\theta_2)}$

② $\dfrac{z_1}{z_2} = \dfrac{r_1}{r_2}[\cos(\theta_1 - \theta_2) + i\sin(\theta_1 - \theta_2)] = \dfrac{r_1}{r_2} e^{i(\theta_1 - \theta_2)}$ $(z_2 \neq 0)$

③ $z^n = [r(\cos\theta + i\sin\theta)]^n = r^n(\cos n\theta + i\sin n\theta) = r^n e^{in\theta}$

④ $\sqrt[n]{z} = \sqrt[n]{r(\cos\theta + i\sin\theta)} = \sqrt[n]{r}\left(\cos\dfrac{\theta + 2k\pi}{n} + i\sin\dfrac{\theta + 2k\pi}{n}\right) = \sqrt[n]{r}\, e^{i\frac{\theta + 2k\pi}{n}}$

$(k = 0, 1, 2, \cdots, n-1)$ 即复数的 n 次方根有 n 个值.

【例 1.2.5】 计算 $\sqrt{2}\left(\cos\dfrac{\pi}{12} + i\sin\dfrac{\pi}{12}\right) \times \sqrt{3}\left(\cos\dfrac{\pi}{6} + i\sin\dfrac{\pi}{6}\right)$.

解： 原式 $= \sqrt{2} \times \sqrt{3}\left[\cos\left(\dfrac{\pi}{12} + \dfrac{\pi}{6}\right) + i\sin\left(\dfrac{\pi}{12} + \dfrac{\pi}{6}\right)\right] = \sqrt{6}\left(\cos\dfrac{\pi}{4} + i\sin\dfrac{\pi}{4}\right) = \sqrt{6}\, e^{i\frac{\pi}{4}}$

【例 1.2.6】 计算 $(\sqrt{3} - i)^9$.

解： $r = \sqrt{(\sqrt{3})^2 + (-1)^2} = 2$，$\tan\theta = \dfrac{y}{x} = \dfrac{-1}{\sqrt{3}} = -\dfrac{\sqrt{3}}{3}$，且 $(\sqrt{3}, -1)$

在第 Ⅳ 象限，所以 $\theta = -\dfrac{\pi}{6}$，所以 $(\sqrt{3} - i)^9 = 2^9\left[\cos\left(-\dfrac{\pi}{6}\right) + i\sin\left(-\dfrac{\pi}{6}\right)\right]^9 = $

$2^9\left[\cos\left(-\dfrac{9\pi}{6}\right) + i\sin\left(-\dfrac{9\pi}{6}\right)\right] = 512\left(\cos\dfrac{\pi}{2} + i\sin\dfrac{\pi}{2}\right) = 512\, e^{i\frac{\pi}{2}}$

【例 1.2.7】 计算 $\dfrac{-i}{2(\cos 120° - i\sin 120°)}$.

解： 因为 $-i = \cos(-90°) + i\sin(-90°)$，所以，原式 $= \dfrac{\cos(-90°) + i\sin(-90°)}{2[\cos(-120°) - i\sin(-120°)]} = $

$\dfrac{1}{2}[\cos(-90° + 120°) + i\sin(-90° + 120°)] = \dfrac{1}{2}(\cos 30° + i\sin 30°) = \dfrac{1}{2} e^{i\frac{\pi}{6}}$

【例 1.2.8】 求 $1 - i$ 的立方根.

解： 因为 $1 - i = \sqrt{2}\left[\cos\left(-\dfrac{\pi}{4}\right) + i\sin\left(-\dfrac{\pi}{4}\right)\right]$，所以 $\sqrt[3]{1 - i} = \sqrt[6]{2}\left[\cos\dfrac{-\dfrac{\pi}{4} + 2k\pi}{3} + \right.$

$\left. i\sin\dfrac{-\dfrac{\pi}{4} + 2k\pi}{3}\right] = \sqrt[6]{2}\left[\cos\left(-\dfrac{\pi}{12} + \dfrac{2}{3}k\pi\right) + i\sin\left(-\dfrac{\pi}{12} + \dfrac{2}{3}k\pi\right)\right]$ $(k = 0, 1, 2)$

学习思考 1.2

1. 如何将复数的代数形式转换成三角形式？
2. 如何将复数的三角形式转换成指数形式？

同步训练 1.2

1. 求下列复数的模及幅角

(1) $\sqrt{3}-i$ (2) 2   (3) $3+4i$ (4) $-3i$

2. 将下列复数表示为三角形式

(1) $-1-\sqrt{3}i$ (2) $3+2i$ (3) $3i$

3. 将下列复数表示为指数形式

(1) $\sqrt{3}(\cos120°+i\sin120°)$ (2) $\cos\dfrac{\pi}{4}+i\sin\dfrac{\pi}{4}$

本 章 小 结

了解函数的概念和性质,理解复合函数与初等函数的概念,掌握函数定义域的求法,掌握复合函数的复合过程,能够建立实际问题中函数关系.为后续的学习打好基础,完成中学到大学的衔接.机电专业可选学复数部分.

基础训练

一、单项选择题

1. 下列各组函数中,是相同的函数的是(   ).

A. $f(x)=x$ 与 $g(x)=\sqrt{x^2}$ B. $f(x)=\lg x^2$ 与 $g(x)=2\lg x$

C. $f(x)=x-1$ 与 $g(x)=\dfrac{x^2-1}{x+1}$ D. $f(x)=x$ 与 $g(x)=\sqrt[3]{x^3}$

2. 设 $f(x)$ 的定义域为 $[0,4]$,则 $f(x^2)$ 的定义域是(   ).

A. $[-16,16]$ B. $[-2,2]$ C. $[0,2]$ D. $[0,16]$

3. 下列函数中是奇函数的是(   ).

A. $y=x\sin x$ B. $y=x^2(1-x^2)$ C. $y=x^4+x^3$ D. $y=x|x|$

4. 设函数 $f(x)=\tan x$,$g(x)=\dfrac{1}{x^2}$ 则 $f[g(x)]$ 等于(   ).

A. $\tan\dfrac{1}{x^2}$ B. $\tan x^2$ C. $\tan^2 x$ D. $\tan^2\dfrac{1}{x}$

二、填空题

1. 函数 $y=\sin\sqrt{2x+1}$ 的复合过程是_____.

2. 若 $f(\sin x)=3-\cos 2x$，则 $f(\cos x)=$ _____.

3. 设 $f(x)=\begin{cases}x+1, & |x|<2 \\ 1, & 2\leqslant x\leqslant 3\end{cases}$，则 $f(x+1)$ 的定义域为 _____.

三、应用题

1. 电子技术中常出现的三角波，如图 1-4 所示，求在时间 $t=0$ 到 $t=\dfrac{2\pi}{\omega}$ 这一时间内电压与时间 t 的函数关系 $U(t)$，并求 $t=\dfrac{\pi}{2\omega}$ 及 $t=\dfrac{3\pi}{2\omega}$ 时的电压值.

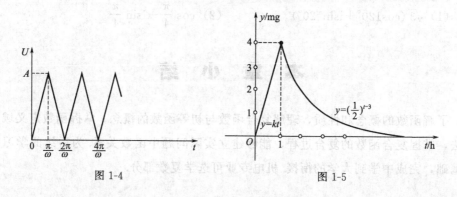

图 1-4　　　　　　图 1-5

2. 某医药研究所开发一种新药，如果成年人按规定的剂量服用，据检测，服药后每毫升血液中的含药量 y（单位：mg）与时间 t（单位：h）之间的关系 $y=\left(\dfrac{1}{2}\right)^{t-3}$ 用如图 1-5 所示的曲线表示. 据进一步测定，每毫升血液中含药量不少于 0.25mg 时，治疗疾病有效. 则服药一次，治疗疾病有效的时间为多少？

[相关阅读]

数学家对"函数概念"的贡献

函数，作为微积分学研究的主要对象，伴随微积分学发展而发展. 它与微积分的产生与发展密切相关. 众所周知，所有微积分创立与发展期的数学家们，都同样对函数概念的产生和发展做出了应有的贡献.

英国数学家牛顿（1643—1727），以流数来定义描述连续量——流量（fluxion）的变化率，用以表示变量之间的关系，因此曲线是当时研究考察的主要模型，这是那个时代函数的概念.

德国数学家莱布尼茨（1646—1716），在 1673 年首先引入函数（function）一词来表示任何一个随着曲线上的点变动而变化的量,并引入了"常量""变量"和"参变量"等概念,并且用 X_1、X_2……来表示不同的函数.

瑞士数学家欧拉(1707—1783)在 1734 年引入函数符号 $f(x)$,并称变量的函数是一个解析表达式,认为函数是由一个公式确定的数量关系.他在《微分学》中写道:"如果某些量以这样一种方式依赖于另一些变量,即当后面这些变量变化时,前面的变量也随之变化,则称前面的变量为后面变量的函数."

法国数学家柯西(1789—1857)在 1823 年关于函数的概念给出这样的叙述:"多个变数之间有某个关系,当其中一个变数取值的同时,其他变数的值也确定了,通常用那一个变数将其他变数表示出来.这个变数称为自变数,其他变数称为它的函数."

德国数学家狄利克雷(1805—1859)在 1837 年提出了 $y=f(x)$ 是 x 与 y 之间的一种对应的现代数学观点,他放弃了函数是用数学符号和运算组成的表达式的观点,抓住了函数概念的本质——"对应规律".他说"y 与 x 的关系不仅不必按着同一法则在全区间给出,而且也不必将其关系用数学式子表示出来".

我国清代数学家李善兰(1811—1882)在 1859 年第一次将"function"译成函数,这一名词一直沿用至今.

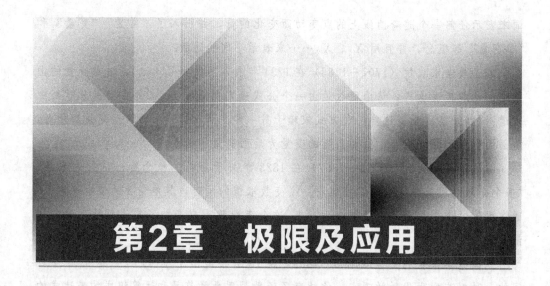

第2章 极限及应用

学习目标

知识目标

了解极限的性质、无穷小的性质,理解极限的概念.会利用无穷小求极限,掌握极限的运算法则.熟练掌握两个重要极限的求解方法.会用数学软件求极限.

能力目标

1. 培养学生抽象思维能力和计算能力.
2. 利用极限思想解决实际问题.

素质目标

通过极限概念的学习,可使学生理解有限和无限的辩证关系,对学生进行辩证唯物主义教育.

[任务目标]

① 古代问题:战国时代哲学家庄周所著的《庄子·天下篇》有:"一尺之棰,日取其半,万世不竭."

② 专业问题:某企业获投资50万元,该企业将投资作为抵押品向银行贷款,得到相当于抵押品价值的75%的贷款,该企业将此贷款再进行投资,并将再投资作为抵押品又向银行贷款,仍得到相当于抵押品的75%的贷款,企业又将此贷款再进行投资,这样贷款—投资—再贷款—再投资,如此反复进行扩大再生产,问该企业共计可获投资多少万元?

[知识链接]

2.1 极限的概念

极限是贯穿高等数学始终的一个重要概念,极限概念的产生源于解决实际问题的需要,在学习过程中可逐步加深对极限思想的理解.

2.1.1 $x \to \infty$ 时函数的极限

定义 2.1 如果当 x 的绝对值无限增大时,函数 $f(x)$ 有定义,且函数值无限趋近于某一确定的常数 A,则称 A 为 $x \to \infty$ 时函数 $f(x)$ 的**极限**,记作 $\lim\limits_{x \to \infty} f(x) = A$ 或 $f(x) \to A(x \to \infty)$. 由定义可知,当 $x \to \infty$ 时,$f(x) = \dfrac{1}{x}$ 的极限为 0,即 $\lim\limits_{x \to \infty} \dfrac{1}{x} = 0$.

如果当 $x > 0$ 且 x 无限增大时,函数 $f(x)$ 有定义,且函数值无限趋近于某一确定的常数 A,则称 A 为 $x \to +\infty$ 时 $f(x)$ 的极限,记作 $\lim\limits_{x \to +\infty} f(x) = A$. 例如,当 $x \to +\infty$ 时,$f(x) = e^{-x}$ 的极限为 0,即 $\lim\limits_{x \to +\infty} e^{-x} = 0$. 如果当 $x < 0$ 且 $|x|$ 无限增大时,函数 $f(x)$ 有定义,且函数值无限趋近于某一确定的常数 A,则称 A 为 $x \to -\infty$ 时函数 $f(x)$ 的极限,记作 $\lim\limits_{x \to -\infty} f(x) = A$. 例如,当 $x \to -\infty$ 时,$f(x) = e^x$ 的极限为 0,即 $\lim\limits_{x \to -\infty} e^x = 0$.

根据定义可得: $\lim\limits_{x \to \infty} f(x) = A \Leftrightarrow \lim\limits_{x \to -\infty} f(x) = \lim\limits_{x \to +\infty} f(x) = A$.

【例 2.1.1】 判断 $\lim\limits_{x \to -\infty} e^x$ 与 $\lim\limits_{x \to +\infty} e^x$ 是否存在.

解: $\lim\limits_{x \to -\infty} e^x = 0$. 因为 $e^x \to +\infty (x \to +\infty)$,所以 $\lim\limits_{x \to +\infty} e^x$ 不存在.

数列 $y_1, y_2, \cdots, y_n, \cdots$ 可以写成 $y_n = f(n)(n = 1, 2, 3, \cdots)$,即数列可以看成是自变量为正整数的函数. 由定义 2.1 得到数列极限的定义(定义 2.2):

定义 2.2 如果当 n 无限增大时,数列 y_n 无限接近于某一确定的常数 A,则称 A 为数列 y_n 的极限. 此时也称数列 y_n 收敛于 A,记为 $\lim\limits_{n \to \infty} y_n = A$ 或 $y_n \to A(n \to \infty)$. 若数列 y_n 的极限不存在,则称该数列发散.

例如:① $\lim\limits_{n \to \infty} \dfrac{1}{2^n} = 0$;② $\lim\limits_{n \to \infty} (-1)^{n+1}$ 不存在.

2.1.2 $x \to x_0$ 时函数的极限

为了便于描述,先介绍邻域的概念:开区间 $(x_0-\delta, x_0+\delta)$ 称为点 x_0 的 δ 邻域;开区间 $(x_0-\delta, x_0) \cup (x_0, x_0+\delta)$ 称为点 x_0 的**去心 δ 邻域**($\delta>0$).

定义 2.3 设函数 $f(x)$ 在点 x_0 的某去心邻域内有定义.如果当 x 无限趋近于 x_0 时,$f(x)$ 无限趋近于某一确定的常数 A,则称 A 为 $x \to x_0$ 时函数 $f(x)$ 的极限,记作 $\lim\limits_{x \to x_0} f(x) = A$ 或 $f(x) \to A(x \to x_0)$.

由极限的定义可知,$\lim\limits_{x \to 1} \dfrac{x^2-1}{x-1} = 2$. $\lim\limits_{x \to 1} \dfrac{1}{x-1}$ 不存在,但可以记为 $\lim\limits_{x \to 1} \dfrac{1}{x-1} = \infty$.

设函数 $f(x)$ 在点 x_0 的某去心邻域的左侧有定义.如果当 $x<x_0$ 且无限趋近于 x_0 时,$f(x)$ 无限趋近于某一确定的常数 A,则称 A 为 $f(x)$ 在点 x_0 处的**左极限**,记作 $\lim\limits_{x \to x_0^-} f(x) = A$. 设函数 $f(x)$ 在点 x_0 的某去心邻域的右侧有定义.如果当 $x>x_0$ 且无限趋近于 x_0 时,$f(x)$ 无限趋近于某一确定的常数 A,则称 A 为 $f(x)$ 在点 x_0 处的**右极限**,记作 $\lim\limits_{x \to x_0^+} f(x) = A$.

根据定义可得:$\lim\limits_{x \to x_0} f(x) = A \Leftrightarrow \lim\limits_{x \to x_0^-} f(x) = \lim\limits_{x \to x_0^+} f(x) = A$.

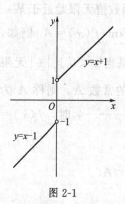

图 2-1

【例 2.1.2】 设 $f(x) = \begin{cases} x-1, & x<0 \\ 0, & x=0, \\ x+1, & x>0 \end{cases}$ 讨论 $\lim\limits_{x \to 0^+} f(x)$,$\lim\limits_{x \to 0^-} f(x)$,$\lim\limits_{x \to 0} f(x)$ 是否存在.

解:由图 2-1 可以看出:

$\lim\limits_{x \to 0^+} f(x) = 1$,$\lim\limits_{x \to 0^-} f(x) = -1$. 显然 $\lim\limits_{x \to 0^+} f(x) \neq \lim\limits_{x \to 0^-} f(x)$,所以 $\lim\limits_{x \to 0} f(x)$ 不存在.

学习思考 2.1

$\lim\limits_{x \to 1} \dfrac{x^2+ax+b}{1-x} = 5$,求 a 与 b 的值.

同步训练 2.1

1. 观察下列函数的变化趋势,写出它们的极限.

(1) $\{u_n\} = \left\{(-1)^n \dfrac{1}{n}\right\}$ (2) $\{u_n\} = \left\{2 + \dfrac{1}{n^2}\right\}$

(3) $y=2^x$ $(x\to 0)$ (4) $y=\dfrac{2x^2-2}{x-1}(x\to 1)$

2. 设函数 $f(x)=\begin{cases} x^2, & x>0 \\ x, & x\leqslant 0 \end{cases}$，求 $\lim\limits_{x\to 0}f(x)$.

3. 设函数 $f(x)=\begin{cases} 2x, & 0\leqslant x<1 \\ 3-x, & 1<x\leqslant 2 \end{cases}$，求 $\lim\limits_{x\to 1^+}f(x)$，$\lim\limits_{x\to 1^-}f(x)$，$\lim\limits_{x\to 1}f(x)$.

4. 设函数 $f(x)=\begin{cases} 2x-1, & x<0 \\ 0, & x=0 \\ x+2, & x>0 \end{cases}$，求 $\lim\limits_{x\to 0^+}f(x)$，$\lim\limits_{x\to 0^-}f(x)$，$\lim\limits_{x\to 0}f(x)$.

2.2 极限的运算

利用极限的定义只能计算一些简单函数的极限，本节介绍极限的四则运算法则、两个重要极限、无穷小的比较，以期求较复杂函数的极限.

2.2.1 极限四则运算法则

定理 2.1 在自变量 x 的同一变化过程中，若 $\lim f(x)=A$，$\lim g(x)=B$，则：

① $\lim [f(x)\pm g(x)]=\lim f(x)\pm \lim g(x)=A\pm B$；

② $\lim [f(x)g(x)]=\lim f(x)\lim g(x)=AB$；

③ 若 $\lim g(x)=B\neq 0$，则 $\lim \dfrac{f(x)}{g(x)}=\dfrac{\lim f(x)}{\lim g(x)}=\dfrac{A}{B}$.

推论 1 $\lim [cf(x)]=c\lim f(x)$ (c 为常数).

推论 2 $\lim [f(x)]^n=[\lim f(x)]^n$.

【例 2.2.1】 求 $\lim\limits_{x\to 2}\dfrac{x^3-2}{x^2-5x+3}$.

解：$\lim\limits_{x\to 2}\dfrac{x^3-2}{x^2-5x+3}=\dfrac{\lim\limits_{x\to 2}(x^3-2)}{\lim\limits_{x\to 2}(x^2-5x+3)}=-2$

【例 2.2.2】 求 $\lim\limits_{x\to 3}\dfrac{x-3}{x^2-9}$.

解：$\lim\limits_{x\to 3}\dfrac{x-3}{x^2-9}=\lim\limits_{x\to 3}\dfrac{1}{x+3}=\dfrac{1}{\lim\limits_{x\to 3}(x+3)}=\dfrac{1}{6}$.

【例 2.2.3】 求 $\lim\limits_{x\to\infty}\dfrac{3x^3+4x^2-1}{4x^3-x^2+3}$.

解：$\lim\limits_{x\to\infty}\dfrac{3x^2+4x^2-1}{4x^3-x^2+3}=\lim\limits_{x\to\infty}\dfrac{3+\dfrac{4}{x}-\dfrac{1}{x^3}}{4-\dfrac{1}{x}+\dfrac{3}{x^3}}=\dfrac{3}{4}.$

同理可得：$\lim\limits_{x\to\infty}\dfrac{a_0x^n+a_1x^{n-1}+\cdots+a_n}{b_0x^m+b_1x^{m-1}+\cdots+b_m}=\begin{cases}\infty, & m<n\\ \dfrac{a_0}{b_0}, & m=n(a_0\neq 0, b_0\neq 0).\\ 0, & m>n\end{cases}$

2.2.2 两个重要极限

在求极限过程中，利用两个重要极限公式来求，相当方便.

① 第一个重要极限 $\lim\limits_{x\to 0}\dfrac{\sin x}{x}=1$.

经常应用它的变量代换形式，即：若 $\lim\limits_{x\to x_0}\varphi(x)=0$，则 $\lim\limits_{x\to x_0}\dfrac{\sin[\varphi(x)]}{\varphi(x)}=1$.

【例 2.2.4】 求 $\lim\limits_{x\to 0}\dfrac{x}{\sin 2x}$.

解：$\lim\limits_{x\to 0}\dfrac{x}{\sin 2x}=\lim\limits_{x\to 0}\dfrac{1}{\dfrac{\sin 2x}{x}}=\dfrac{1}{2\lim\limits_{x\to 0}\dfrac{\sin 2x}{2x}}=\dfrac{1}{2}.$

【例 2.2.5】 求 $\lim\limits_{x\to 0}\dfrac{\sin ax}{bx}$.

解：$\lim\limits_{x\to 0}\dfrac{\sin ax}{bx}=\lim\limits_{x\to 0}\dfrac{\sin ax}{ax}\cdot\dfrac{ax}{bx}=\dfrac{a}{b}.$

【例 2.2.6】 求 $\lim\limits_{x\to\infty}x\sin\dfrac{1}{x}$.

解：$\lim\limits_{x\to\infty}x\sin\dfrac{1}{x}=\lim\limits_{x\to\infty}\dfrac{\sin\dfrac{1}{x}}{\dfrac{1}{x}}=1.$

② 第二个重要极限 $\lim\limits_{x\to\infty}\left(1+\dfrac{1}{x}\right)^x=e$（e 是无理数，其值为 2.71828…）.

观察表 2-1.

表 2-1

x	-10	-1000	-100000	-1000000	$\cdots \to -\infty$
$\left(1+\dfrac{1}{x}\right)^x$	2.86797	2.71964	2.71830	2.71828	$\cdots$
x	10	1000	100000	1000000	$\cdots \to +\infty$
$\left(1+\dfrac{1}{x}\right)^x$	2.59374	2.71692	2.71827	2.71828	$\cdots$

从表 2-1 可以看出，当 x 无限趋于 ∞ 时，$\left(1+\dfrac{1}{x}\right)^x$ 的值无限趋于 e.

经常应用它的变量代换形式，即 $\lim\limits_{\varphi(x) \to \infty}\left[1+\dfrac{1}{\varphi(x)}\right]^{\varphi(x)} = e$ 或 $\lim\limits_{\varphi(x) \to 0}[1+\varphi(x)]^{\frac{1}{\varphi(x)}} = e.$

【例 2.2.7】 求下列极限

① $\lim\limits_{x \to \infty}\left(1-\dfrac{1}{x}\right)^x$；② $\lim\limits_{x \to \infty}\left(1+\dfrac{1}{x}\right)^{2x-3}$.

解：① $\lim\limits_{x \to \infty}\left(1-\dfrac{1}{x}\right)^x = \lim\limits_{x \to \infty}\left[1+\left(-\dfrac{1}{x}\right)\right]^{(-x) \times (-1)} = \left\{\lim\limits_{x \to \infty}\left[1+\left(-\dfrac{1}{x}\right)\right]^{(-x)}\right\}^{-1} = e^{-1}.$

② $\lim\limits_{x \to \infty}\left(1+\dfrac{1}{x}\right)^{2x-3} = \lim\limits_{x \to \infty}\left[\left(1+\dfrac{1}{x}\right)^x\right]^2 \left(1+\dfrac{1}{x}\right)^{-3}$

$= \left[\lim\limits_{x \to \infty}\left(1+\dfrac{1}{x}\right)^x\right]^2 \lim\limits_{x \to \infty}\left(1+\dfrac{1}{x}\right)^{-3} = e^2 \times 1 = e^2.$

学习思考 2.2

1. 已知 $\lim\limits_{x \to 1}\dfrac{x^2+ax+b}{1-x} = 5$，求 a 与 b 的值.

2. 求极限 $\lim\limits_{x \to \infty}\dfrac{(2x-1)^{20}(2x+6)^{30}}{(2x-3)^{50}}.$

同步训练 2.2

1. 利用四则运算法则求下列极限

(1) $\lim\limits_{x \to 1}(5x^3-1)$ 　　　　(2) $\lim\limits_{x \to 0}\dfrac{3x-2}{x^3-1}$

(3) $\lim\limits_{x \to 0} \dfrac{x^2-9}{x-3}$

(4) $\lim\limits_{x \to \infty} \dfrac{x^2+x-1}{3x^2-2x}$

(5) $\lim\limits_{x \to 2}\left(\dfrac{1}{x-2}-\dfrac{4}{x^2-4}\right)$

(6) $\lim\limits_{x \to 0} \dfrac{\sqrt{1-x}-1}{x}$

2.利用重要极限求下列极限

(1) $\lim\limits_{x \to \infty} x\tan\dfrac{1}{x}$

(2) $\lim\limits_{x \to 0} \dfrac{\sin 3x}{\sin 4x}$

(3) $\lim\limits_{x \to \infty}\left(1+\dfrac{2}{x}\right)^x$

(4) $\lim\limits_{x \to 0}(1-2x)^{\frac{1}{x}}$

(5) $\lim\limits_{x \to \infty}\left(1+\dfrac{1}{x}\right)^{x-1}$

(6) $\lim\limits_{x \to \infty}\left(\dfrac{x+1}{x-1}\right)^{2x}$

[问题解决]

2.3 极限的应用

用极限概念分析问题和解决问题的一般步骤可概括为：对于被考查的未知量，先设法构思一个与它有关的变量，确认这变量通过无限过程的结果就是所求的未知量；最后用极限计算来得到这个结果．

学习极限概念，我们来解决前面提出的生活问题和专业问题．

① [古代问题] 战国时代哲学家庄周所著的《庄子·天下篇》有："一尺之棰，日取其半，万世不竭．"怎样用极限的定义解释这句话？

分析：第 1 天截下的杖长为 $x_1=\dfrac{1}{2}$，第 2 天截下的杖长为 $x_2=\dfrac{1}{2}+\dfrac{1}{2^2}$，第 n 天截下的杖长为 $x_n=\dfrac{1}{2}+\dfrac{1}{2^2}+\cdots+\dfrac{1}{2^n}$，无限继续下去，

$$\lim_{n \to \infty}\left(\dfrac{1}{2}+\dfrac{1}{2^2}+\cdots+\dfrac{1}{2^n}\right)=\lim_{n \to \infty}\dfrac{\dfrac{1}{2}\left(1-\dfrac{1}{2^n}\right)}{1-\dfrac{1}{2}}=1$$

经过很久，所截下的杖长趋近于 1，但不等于 1，即仍有剩余.不竭，不尽的意思．

② [专业问题] 某企业获投资 50 万元，该企业将投资作为抵押品向银行贷款，得到相当于抵押品价值的 75% 的贷款，该企业将此贷款再进行投资，并将再投资

作为抵押品又向银行贷款，仍得到相当于抵押品的 75% 的贷款，企业又将此贷款再进行投资，这样贷款—投资—再贷款—再投资，如此反复进行扩大再生产，问该企业共计可获投资多少万元？

分析：设企业获投资本金为 A，贷款额占抵押品价值的百分比为 $r(0<r<1)$，第 n 投资或再投资（贷款）额为 a_n，n 次投资与再投资的资金总和为 S_n，投资与再投资的资金总和为 S.

$$a_1=A, a_2=Ar, a_3=Ar^2, \cdots, a_n=Ar^{n-1}, S_n=a_1+a_2+a_3+\cdots+a_n$$
$$=A+Ar+Ar^2+\cdots Ar^{n-1}$$
$$=\frac{A(1-r^n)}{1-r}$$

$$S=\lim_{n\to\infty}S_n=\lim_{n\to\infty}\frac{A(1-r^n)}{1-r}=\frac{A}{1-r}, A=50, r=0.75, S=\frac{50}{1-0.75}=200$$

本 章 小 结

本章在复习函数的基础上，讨论函数的极限及应用.要求理解极限的概念，掌握函数极限的运算法则，掌握两个重要极限，会用极限的思想解释古代问题，会用极限的求解方法解决一些简单的生活问题和专业问题.

基础训练

一、单项选择题

1. 当 $x\to\infty$ 时，下列函数极限不存在的是（　　）.

   A. $\sin x$ B. $\dfrac{1}{e^x}$ C. $\dfrac{x+1}{x^2-1}$ D. $\arctan x$

2. $\lim\limits_{x\to\infty}kx\sin\dfrac{3}{x}=1$，则 k 为（　　）.

   A. $\dfrac{1}{3}$ B. 1   C. 3   D. $\dfrac{1}{2}$

3. $\lim\limits_{x\to 0}(1-2x)^{\frac{1}{x}}=$（　　）.

   A. e^2 B. e^{-2} C. $-e^{-2}$ D. $-e^2$

4. $\lim\limits_{x\to\infty}\dfrac{x+\sin x}{x}=$（　　）.

   A. 0   B. 1   C. 不存在   D. ∞

二、填空题

1. $\lim\limits_{n\to\infty}(\sqrt{n^2-n}-n) = $ _____.

2. $\lim\limits_{x\to\infty}\left(1+\dfrac{k}{x}\right)^x = $ _____.

3. 若 $\lim\limits_{x\to\infty}\dfrac{3x^3-4x-5}{ax^3+5x^2-6}=-1$，则 $a = $ _____.

三、计算题

1. 求下列函数的极限

(1) $\lim\limits_{x\to 4}\dfrac{\sqrt{2x+1}-3}{\sqrt{x}-2}$

(2) $\lim\limits_{x\to 0}\dfrac{\sqrt{x+9}-3}{\sin 4x}$

(3) $\lim\limits_{n\to\infty}\left[\dfrac{1}{1\times 2}+\dfrac{1}{2\times 3}+\cdots+\dfrac{1}{n(n+1)}\right]$

(4) $\lim\limits_{x\to 1}\left(\dfrac{2}{1-x^2}-\dfrac{x}{1-x}\right)$

2. 设 $f(x)=\begin{cases} 3x, & -1<x<1 \\ 2, & x=1 \\ 3x^2, & 1<x<2 \end{cases}$，求 $\lim\limits_{x\to 0}f(x)$.

四、应用题

1. 在边长为 a 的等边三角形里，连接各边中点做一个内接等边三角形，如此继续下去，求所有这些等边三角形的面积之和.

2. 对于一类 n 级的混联电路或"无穷多"个支路的这类电路，如何求其总电阻呢？

[相关阅读]

Koch 雪花曲线

Koch 雪花曲线是一个数学曲线，同时也是早期被描述的一种分形曲线，它由瑞典数学家海里格·冯·科赫（Helge von Koch）在1904年发表的一篇题为"从初等几何构造的一条没有切线的连续曲线"的论文中提出，其中有一种 Koch 曲线像雪花一样，被称为科赫（Koch）雪花［或科赫（Koch）星］.

科赫雪花曲线的形成：

设给定一个边长为1的正三角形，我们进行以下操作：①三等分一边线段；②用一个等边三角形的两边替代第一步划分三等分的中间部分；在每一边线段，重复以上①、②；每作一次①、②称为一步，无限步重复的极限结果称为科赫雪花曲线. 求科赫雪花曲线的周长及科赫雪花曲线所围成的面积.

科赫雪花曲线周长求法：

由于最初三角形的边长为 1，记第 n 步所得曲线的长度为 l_n，则有

$$l_0=3, l_1=3\times 4\times\frac{1}{3}=3\times\frac{4}{3}, l_2=3\times 4^2\times\left(\frac{1}{3}\right)^2=3\times\left(\frac{4}{3}\right)^2,\cdots,$$

$$l_n=3\times 4^n\times\left(\frac{1}{3}\right)^n,\cdots$$

$$\lim_{n\to\infty}l_n=\lim_{n\to\infty}\left[3\times 4^n\times\left(\frac{1}{3}\right)^n\right]=+\infty$$

即科赫雪花曲线的周长为无限大.

科赫雪花曲线面积求法：

最初三角形的边长为 1，设第 n 步的图形面积为 S_n，则有 $S_0=\frac{1}{2}\times 1\times 1\sin\frac{\pi}{3}=\frac{\sqrt{3}}{4}$

$$S_1=S_0+3\times\frac{1}{2}\times\frac{1}{3}\times\frac{1}{3}\sin\frac{\pi}{3}=S_0+\frac{1}{3}S_0$$

$$S_2=S_1+(3\times 4)\times\left(\frac{1}{2}\times\frac{1}{9}\times\frac{1}{9}\sin\frac{\pi}{3}\right)=S_1+\frac{4}{27}S_0=S_0+\frac{1}{3}\left(1+\frac{4}{9}\right)S_0,\cdots$$

$$S_n=S_{n-1}+(3\times 4^{n-1})\left(\frac{1}{2}\times\frac{1}{3^n}\times\frac{1}{3^n}\sin\frac{\pi}{3}\right)=S_{n-1}+\frac{1}{3}S_0+\left(\frac{4}{9}\right)^{n-1}$$

$$=S_0+\frac{1}{3}S_0\times\frac{1-\left(\frac{4}{9}\right)^n}{1-\frac{4}{9}}=S_0+S_0\times\frac{3}{5}\left[1-\left(\frac{4}{9}\right)^n\right]$$

$$\lim_{n\to\infty}S_n=\lim_{n\to\infty}\left\{S_0+S_0\times\frac{3}{5}\left[1-\left(\frac{4}{9}\right)^n\right]\right\}=\frac{8}{5}S_0$$

第3章 导数与微分

学习目标

知识目标

了解导数的概念、微分概念；

理解导数的几何意义、物理意义；

掌握导数运算法则和基本公式，能够计算简单函数的导数；

掌握复合函数求导法则，会求初等函数的导数；

了解高阶导数的概念，会求简单函数的一阶导数、二阶导数.

能力目标

培养学生计算能力和分析能力，利用导数与微分解决实际应用问题.

素质目标

加强学生数学文化素质方面的教育，通过数学文化渗透辩证唯物主义哲学思想，学会用联系的、全面的、发展的观点看待事物之间的变化.

微分学在自然科学与工程技术中有着广泛的应用，是高等数学的重要组成部分. 它的基本内容包括导数和微分两个部分，导数能够反映出函数相对于自变量变化快慢的程度；微分则研究当自变量有微小变化时函数的变化量问题.

3.1 导数概念

在实际问题中，往往不仅要研究变量之间的函数关系，还要研究函数相对于变量变化快慢的程序，如物体运动的速度、电流强度、非均质物体的密度、化学反应速率、经济增长率等.本节从变速直线运动与切线斜率两个实例出发,引出导数概念,总结导数的几何意义、物理意义.

【引例 3.1】 瞬时速度问题.

已知一小车在路面上运动,如图 3-1 所示.

若小车行驶的路程 s 与时间 t 的关系为 $s=f(t)$,则它从 t_0 到 $t_0+\Delta t$ 这一段时间内的平均速度为

$$\bar{v}=\frac{\Delta s}{\Delta t}=\frac{f(t_0+\Delta t)-f(t_0)}{\Delta t}$$

当 $\Delta t \to 0$ 时平均速度的极限值,就可以表示为小车在 t_0 时刻的瞬时速度:

$$v\big|_{t=t_0}=\lim_{\Delta t \to 0}\frac{\Delta s}{\Delta t}=\lim_{\Delta t \to 0}\frac{f(t_0+\Delta t)-f(t_0)}{\Delta t}$$

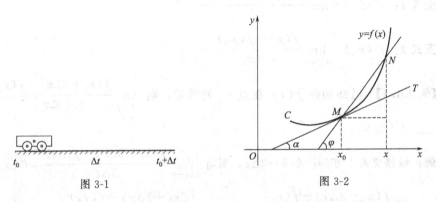

图 3-1　　　　　　　　　图 3-2

【引例 3.2】 平面曲线切线的斜率问题.

设曲线 C 在直角坐标系中的函数方程为 $y=f(x)$. $M(x_0,y_0)$ 是曲线 C 上一点,其中 $y_0=f(x_0)$.若想求出过点 M 的切线,只需再求出切线的斜率即可.

如图 3-2 所示,在曲线 C 上另取一点 $N(x,y)$,那么割线 MN 的斜率为:

$$k_{MN}=\tan\varphi=\frac{\Delta y}{\Delta x}=\frac{f(x)-f(x_0)}{x-x_0}$$

当点 N 沿着曲线 C 向点 M 靠近时,意味着 $x \to x_0$,如果上式极限存在,记为 k,则过点 M 的切线的斜率为:

$$k=\tan\alpha=\lim_{\Delta x \to 0}\frac{\Delta y}{\Delta x}=\lim_{\Delta x \to 0}\frac{f(x_0+\Delta x)-f(x_0)}{\Delta x}$$

这两个实例虽然表达的实际意义不同,但从抽象的数量关系来看,都是一致的,即当自变量改变量趋于 0 时,函数的增量与自变量的增量之比的极限.故引入导数的概念.

定义 3.1 设函数 $y=f(x)$ 在点 x_0 的某个邻域内有定义,当自变量 x 在 x_0 处取得增量 Δx（点 $x_0+\Delta x$ 仍在该邻域内）时,相应地函数 y 取得增量 $\Delta y = f(x_0+\Delta x)-f(x_0)$；如果 Δy 与 Δx 之比当 $\Delta x \to 0$ 时的极限存在,则称函数 $y=f(x)$ 在 x_0 处可导,并称这个极限为函数 $y=f(x)$ 在点 x_0 处的**导数**,记为 $y'|_{x=x_0}$,即:

$$y'|_{x=x_0} = \lim_{\Delta x \to 0} \frac{\Delta y}{\Delta x} = \lim_{\Delta x \to 0} \frac{f(x_0+\Delta x)-f(x_0)}{\Delta x}$$

也可记作 $f'(x_0)$、$\dfrac{dy}{dx}\bigg|_{x=x_0}$、$\dfrac{df(x)}{dx}\bigg|_{x=x_0}$.

导数的定义式可作如下变换:

变式 1: $f'(x_0) = \lim\limits_{h \to 0} \dfrac{f(x_0+h)-f(x_0)}{h}$

变式 2: $f'(x_0) = \lim\limits_{x \to x_0} \dfrac{f(x)-f(x_0)}{x-x_0}$

【例 3.1.1】 已知函数 $f(x)$ 在点 x_0 处可导,则 $\lim\limits_{\Delta x \to 0} \dfrac{f(x_0+3\Delta x)-f(x_0)}{\Delta x} =$ _____ $f'(x_0)$.

解：根据变式 1 可知：令 $h=3\Delta x$,则有 $\lim\limits_{3\Delta x \to 0} \dfrac{f(x_0+3\Delta x)-f(x_0)}{3\Delta x} = f'(x_0)$；

故 $\lim\limits_{\Delta x \to 0} \dfrac{f(x_0+3\Delta x)-f(x_0)}{\Delta x} = 3 \times \lim\limits_{\Delta x \to 0} \dfrac{f(x_0+3\Delta x)-f(x_0)}{3\Delta x} = 3f'(x_0)$.

根据导数定义,结合左、右极限概念可得:

函数 $f(x)$ 在点 x_0 处的**左导数** $f'_-(x_0) = \lim\limits_{\Delta x \to 0^-} \dfrac{f(x_0+\Delta x)-f(x_0)}{\Delta x}$；

函数 $f(x)$ 在点 x_0 处的**右导数** $f'_+(x_0) = \lim\limits_{\Delta x \to 0^+} \dfrac{f(x_0+\Delta x)-f(x_0)}{\Delta x}$.

左导数、右导数统称为**单侧导数**.

根据极限存在的充要条件,可得到导数存在的充要条件:

函数在点 x_0 处可导 $\Leftrightarrow$ 左导数 $f'_-(x_0)$ 和右导数 $f'_+(x_0)$ 都存在且相等.

如果函数 $f(x)$ 在区间 (a,b) 内每一点都可导,则称 $f(x)$ 在该**区间内可导**. 这时该区间内的任意一点 x 都有导数 $f'(x)$ 与之一一对应,故构成一个新的函数,称为**导函数**,简称为**导数**. 如果函数 $f(x)$ 在开区间 (a,b) 内可导,且 $f'_+(a)$ 及 $f'_-(b)$ 都存在,就说 $f(x)$ 在**闭区间** $[a,b]$ **上可导**.

由导数定义可知，引例 3.1 中瞬时速度可记为 $v(t_0)=s'(t_0)$，是导数的一个**物理意义**；引例 3.2 中曲线 $y=f(x)$ 上过点 $(x_0, f(x_0))$ 的切线斜率为 $k=f'(x_0)$，是导数的**几何意义**。因此可得切线方程为：

$$y-y_0=f'(x_0)(x-x_0)$$

法线方程为：

$$y-y_0=-\frac{1}{f'(x_0)}(x-x_0)$$

利用导数定义式求函数 $f(x)$ 在点 x_0 处的导数的具体步骤为：

① 求增量　$\Delta y=f(x)-f(x_0)$；

② 作比值　$\dfrac{\Delta y}{\Delta x}=\dfrac{f(x)-f(x_0)}{x-x_0}$；

③ 取极限　$f'(x_0)=\lim\limits_{x\to x_0}\dfrac{f(x)-f(x_0)}{x-x_0}$.

【例 3.1.2】 求函数 $f(x)=\sin x$ 在 $x=0$ 处的导数.

解：根据导数定义　$f'(0)=\lim\limits_{x\to 0}\dfrac{f(x)-f(0)}{x-0}=\lim\limits_{x\to 0}\dfrac{\sin x-\sin 0}{x}=\lim\limits_{x\to 0}\dfrac{\sin x}{x}=1.$

【例 3.1.3】 讨论函数 $f(x)=\begin{cases}1-x, & x<0 \\ 2x+1, & x\geq 0\end{cases}$ 在 $x=0$ 处的可导性.

解：当 $x=0$ 时，$f(0)=2\times 0+1=1.$

$$f'_-(0)=\lim_{x\to 0^-}\frac{f(x)-f(0)}{x-0}=\lim_{x\to 0^-}\frac{(1-x)-1}{x-0}=-1$$

$$f'_+(0)=\lim_{x\to 0^+}\frac{f(x)-f(0)}{x-0}=\lim_{x\to 0^+}\frac{(2x+1)-1}{x-0}=2$$

因为 $f'_+(0)\neq f'_-(0)$，故函数在 $x=0$ 处不可导.

【例 3.1.4】 求曲线 $f(x)=1+x^2$ 在点 $(1,2)$ 处的切线方程和法线方程.

解：由导数的几何意义可知，曲线在点 $(1,2)$ 处的切线斜率为

$$k=f'(1)=2x\big|_{x=1}=2$$

所以曲线的切线方程为 $y-2=2(x-1)$，即 $2x-y=0$；

曲线的法线方程为 $y-2=-\dfrac{1}{2}(x-1)$，即 $x+2y-5=0$.

学习思考 3.1

1. $f'(x_0)$ 与导函数 $f'(x)$ 有什么区别和联系？

2. 函数 $f(x)$ 在点 x_0 处不可导,则在点 x_0 处也一定不连续吗?试举例说明.

同步训练 3.1

1. 已知函数 $f(x)$ 在点 x_0 处可导,试利用导数定义确定下列各题的系数 k

(1) $\lim\limits_{h \to 0} \dfrac{f(x_0-h)-f(x_0)}{h} = kf'(x_0)$

(2) $\lim\limits_{\Delta x \to 0} \dfrac{f(x_0+2\Delta x)-f(x_0-3\Delta x)}{\Delta x} = kf'(x_0)$

2. 试求曲线 $y=\dfrac{1}{2}x^2$ 上与直线 $x-y=5$ 平行的切线方程.

3. 过点 $A(1,2)$ 引抛物线 $y=2x-x^2$ 的切线,求该切线方程.

3.2 导数基本公式与四则运算法则

本节将重点介绍基本初等函数的导数公式、导数的四则运算法则、复合函数求导公式,以便会求简单初等函数的导数.

3.2.1 导数基本公式

基本初等函数的导数公式:

① $(c)'=0$ (c 为常数)   ② $(x^\alpha)'=\alpha x^{\alpha-1}$ (α 是任意实数)

③ $(a^x)'=a^x \ln a$ ($a>0$ 且 $a \neq 1$);特别地,$(e^x)'=e^x$

④ $(\log_a x)'=\dfrac{1}{x \ln a}$ ($a>0$ 且 $a \neq 1$);特别地,$(\ln x)'=\dfrac{1}{x}$

⑤ $(\sin x)'=\cos x$ ⑥ $(\cos x)'=-\sin x$

⑦ $(\tan x)'=\sec^2 x = \dfrac{1}{\cos^2 x}$ ⑧ $(\cot x)'=-\csc^2 x = -\dfrac{1}{\sin^2 x}$

⑨ $(\sec x)'=\sec x \tan x$ ⑩ $(\csc x)'=-\csc x \cot x$

⑪ $(\arcsin x)'=\dfrac{1}{\sqrt{1-x^2}}$ ⑫ $(\arccos x)'=-\dfrac{1}{\sqrt{1-x^2}}$

⑬ $(\arctan x)'=\dfrac{1}{1+x^2}$ ⑭ $(\text{arccot}\, x)'=-\dfrac{1}{1+x^2}$

3.2.2 导数的四则运算法则

定理 3.1 如果函数 $u=u(x)$ 及 $v=v(x)$ 都有导数,那么它们的和、差、

积、商（分母为零的点除外）都有导数，且

① 和差法则：$[u\pm v]'=u'\pm v'$

② 乘法法则：$[uv]'=u'v+uv'$

③ 除法法则：$\left(\dfrac{u}{v}\right)'=\dfrac{u'v-uv'}{v^2}$　　$(v\neq 0)$

推广式：$[Cv]'=Cv'$（C 为任意常数）

$$(uvw)'=u'vw+uv'w+uvw'$$

【例 3.2.1】 $f(x)=4x^2-2x+3$，求 $f'(x)$ 及 $f'(1)$.

解：由求导的和差法则有 $f'(x)=8x-2$，于是 $f'(1)=8\times 1-2=6$.

【例 3.2.2】 求函数 $y=x\sin x$ 的导数.

解：由求导的乘法法则有 $y'=(x)'\sin x+x(\sin x)'=\sin x+x\cos x$.

【例 3.2.3】 $y=\dfrac{\ln x}{x}$，求 y'.

解：由求导的除法法则有 $y'=\dfrac{(\ln x)'x-(\ln x)x'}{x^2}=\dfrac{1-\ln x}{x^2}$.

【例 3.2.4】 $y=x^2+\ln x-\cos x+e^2$，求 y'.

解：由求导的和差法则有

$$y'=(x^2)'+(\ln x)'-(\cos x)'+(e^2)'=2x+\dfrac{1}{x}+\sin x.$$

3.2.3 复合函数的导数

定理 3.2（链式法则） 设函数 $u=\varphi(x)$ 在点 x 处有导数 $\dfrac{du}{dx}=\varphi'(x)$，函数 $y=f(u)$ 在点 u 处有导数 $\dfrac{dy}{du}=f'(u)$，则复合函数 $y=f[\varphi(x)]$ 在该点 x 也有导数，且

$$\dfrac{dy}{dx}=f'(u)\varphi'(x) \text{ 或 } y'_x=y'_u u'_x \text{ 或 } \dfrac{dy}{dx}=\dfrac{dy}{du}\cdot\dfrac{du}{dx}.$$

说明：① 运用链式法则时，必须正确分解复合函数，分解后的因子个数要比中间变量的个数多一个，且最后一个因子一定是某个中间变量对自变量的导数.

② 链式法则可以推广到多次复合的函数求导的问题.

例如，设 $y=f(u)$，$u=\varphi(v)$，$v=\psi(x)$，则复合函数 $y=f\{\varphi[\psi(x)]\}$ 的导数为

$$\frac{dy}{dx} = \frac{dy}{du} \cdot \frac{du}{dv} \cdot \frac{dv}{dx}$$

【例 3.2.5】 求 $y = \sin(3-4x)$ 的导数.

解：由链式法则可得：$y' = \cos(3-4x)(3-4x)' = -4\cos(3-4x)$.

【例 3.2.6】 求 $y = \ln(x^2+1)$ 的导数.

解：由链式法则可得：$y' = \dfrac{1}{x^2+1}(x^2+1)' = \dfrac{2x}{x^2+1}$.

【例 3.2.7】 求 $y = \ln\sin 2x$ 的导数.

解：由链式法则可得：$y' = \dfrac{1}{\sin 2x}(\sin 2x)' = \dfrac{\cos 2x}{\sin 2x}(2x)' = 2\cot 2x$.

3.2.4 隐函数的导数

如果方程 $F(x,y)=0$ 能确定 y 是 x 的函数，那么由这种方达式表示的函数是**隐函数**．隐函数是相对于显函数来说的．

(1) 隐函数求导方法

求由方程 $F(x,y)=0$ 所确定函数的导数时，对方程两端同时求关于 x 的导数，此时，把 y 看作中间变量，会得到一个含有 y' 的方程式，然后从中解出 y' 即可．

【例 3.2.8】 求由方程 $e^y + xy - e = 0$ 所确定的隐函数 y 的导数.

解：方程两边的每一项对 x 求导数得：

$(e^y)' + (xy)' - e' = 0$，即 $e^y y' + y + xy' = 0$，可解得：

$$y' = -\frac{y}{x+e^y} \quad (x+e^y \neq 0)$$

【例 3.2.9】 求由方程 $x^2 + y^2 - 2y = 0$ 所确定的隐函数 y 的导数.

解：方程两边的每一项对 x 求导数得：

$(x^2)' + (y^2)' - (2y)' = 0$，即 $2x + 2yy' - 2y' = 0$，可解得：$y' = \dfrac{x}{1-y}$.

(2) 对数求导法

当函数 $y = f(x)$ 是由几个因子通过乘、除、乘方或开方构成的较为复杂的函数时，可先对函数表达式的两边先取对数，再运用隐函数求导的方法求出 y'．

对数求导法适用于：

① 求幂指函数 $y = [u(x)]^{v(x)}$ 的导数（**幂指函数**是指幂、指位置都是变量的

函数).

② 多因子积、商及幂的导数.

【例 3.2.10】 求 $y=x^{3x}$ $(x>0)$ 的导数.

解：两边取对数，得 $\ln y=3x\ln x$，两边对 x 求导，可得

$$\frac{1}{y}y'=3\ln x+3x\cdot\frac{1}{x}=3\ln x+3$$

于是有：
$$y'=(3\ln x+3)y=(3\ln x+3)x^{3x}$$

【例 3.2.11】 求函数 $y=\dfrac{(x-1)(x-2)}{2x+1}$ 的导数.

解：先在两边取对数，可得：

$$\ln y=\ln(x-1)+\ln(x-2)-\ln(2x+1)$$

上式两边对 x 求导，可得：

$$\frac{1}{y}y'=\frac{1}{x-1}+\frac{1}{x-2}-\frac{2}{2x+1}$$

于是有：
$$y'=\left(\frac{1}{x-1}+\frac{1}{x-2}-\frac{2}{2x+1}\right)y=\frac{2x^2+2x-7}{(2x+1)^2}$$

3.2.5 由参数方程所确定的函数的导数

设 y 与 x 的函数关系由参数方程 $\begin{cases} x=\varphi(t) \\ y=\psi(t) \end{cases}$ 所确定. 若 $x=\varphi(t)$ 和 $y=\psi(t)$ 都可导，则：

$$\frac{dy}{dx}=\frac{\dfrac{dy}{dt}}{\dfrac{dx}{dt}}=\frac{\psi'(t)}{\varphi'(t)}$$

【例 3.2.12】 求圆 $\begin{cases} x=r\cos t \\ y=r\sin t \end{cases}$ $(0\leqslant t\leqslant 2\pi)$ 在 $t=\dfrac{\pi}{3}$ 点处的切线方程.

解：$t=\dfrac{\pi}{3}$ 时，切点坐标为：$x_0=r\cos\dfrac{\pi}{3}=\dfrac{1}{2}r$，$y_0=r\sin\dfrac{\pi}{3}=\dfrac{\sqrt{3}}{2}r$. 由导数定义可知切线斜率 $k=\dfrac{dy}{dx}\bigg|_{t=\frac{\pi}{3}}=\dfrac{(r\sin t)'}{(r\cos t)'}\bigg|_{t=\frac{\pi}{3}}=\dfrac{r\cos t}{-r\sin t}\bigg|_{t=\frac{\pi}{3}}=-\cot t\bigg|_{t=\frac{\pi}{3}}=-\dfrac{\sqrt{3}}{3}$.

因此所求切线方程为：

$$y-\frac{\sqrt{3}}{2}r=-\frac{\sqrt{3}}{3}\left(x-\frac{1}{2}r\right), \quad 即\sqrt{3}x+3y-2\sqrt{3}r=0.$$

学习思考 3.2

导数的乘法法则与链式法则如何区分适用范围?

同步训练 3.2

1. 求下列各函数的导数

(1) $y = 3x^2 - e^x + \cos x$　　　　(2) $y = \dfrac{2}{x} - x + x^2 - e^2$

(3) $y = \sin x - 3x^2 + x$　　　　(4) $y = (x^2 + 2)(x + 1)$

(5) $y = (5x + 2)^3$　　　　(6) $y = \ln(3 - x)$

(7) $y = e^{3x+5}$　　　　(8) $y = \sin(5x - 1)$

(9) $y = \ln[(3x + 1)^2]$　　　　(10) $y = \cos^2(1 + 2x)$

2. 求下列函数在定点处的导数值

(1) $y = (5x - 2)^2$, $y'|_{x=1}$　　　　(2) $y = \ln \sin(1 + 2x)$, $y'|_{x=0}$

(3) $y = e^{3x+1}$, $y'|_{x=2}$　　　　(4) $y = x(x^3 - 3)$, $y'|_{x=-3}$

3. 求由参数方程 $\begin{cases} x = 2\sin t \\ y = 4\cos t \end{cases}$ 所确定函数的导数 $\dfrac{dy}{dx}$.

4. 求下列各方程所确定的隐函数的导数.

(1) $x - e^{xy} = 0$　　　　(2) $\ln y - xy + y^2 = 0$

3.3 高阶导数

一般地,函数 $y = f(x)$ 的导数 $y' = f'(x)$ 仍然是 x 的函数,称为函数的一阶导数. 把 $y' = f'(x)$ 的导数叫做函数的二阶导数,记作 y''、$f''(x)$ 或 $\dfrac{d^2 y}{dx^2}$.

类似地,二阶导数的导数,叫做三阶导数,三阶导数的导数叫做四阶导数, ……, $(n-1)$ 阶导数的导数叫做 n 阶导数,分别记作

$$y''', y^{(4)}, \cdots, y^{(n)} \text{ 或 } \dfrac{d^3 y}{dx^3}, \dfrac{d^4 y}{dx^4}, \cdots, \dfrac{d^n y}{dx^n}.$$

函数 $y = f(x)$ 的二阶及二阶以上的导数统称为**高阶导数**.

【例 3.3.1】设函数 $y = \ln(1 + x^2)$,求 $y''(1)$.

解:因为 $y' = \dfrac{2x}{1 + x^2}$, $y'' = \dfrac{2(1 + x^2) - (2x) \times (2x)}{(1 + x^2)^2} = \dfrac{2(1 - x^2)}{(1 + x^2)^2}$,所以 $y''(1) = 0$.

【例3.3.2】 设函数 $y=\cos 2x$,求 $\dfrac{d^2 y}{d x^2}\bigg|_{x=\frac{\pi}{6}}$.

解:因为 $\dfrac{dy}{dx}=-2\sin 2x$,$\dfrac{d^2 y}{dx^2}=(-2\sin 2x)'=-4\cos 2x$,

所以 $\dfrac{d^2 y}{dx^2}\bigg|_{x=\frac{\pi}{6}}=-4\cos\left(2\times\dfrac{\pi}{6}\right)=-2.$

【例3.3.3】 设函数 $y=x^3$,求 y''、y'''、$y^{(4)}$.

解:因为 $y'=3x^2$,所以 $y''=(3x^2)'=6x$,$y'''=(6x)'=6$,$y^{(4)}=6'=0.$

【例3.3.4】 求 $y=\sin x$ 的 n 阶导数.

解:$y'=\cos x=\sin\left(x+\dfrac{\pi}{2}\right)$;$y''=\cos\left(x+\dfrac{\pi}{2}\right)=\sin\left(x+\dfrac{\pi}{2}+\dfrac{\pi}{2}\right)=\sin\left(x+2\times\dfrac{\pi}{2}\right)$;

$y'''=\cos\left(x+2\times\dfrac{\pi}{2}\right)=\sin\left(x+2\times\dfrac{\pi}{2}+\dfrac{\pi}{2}\right)=\sin\left(x+3\times\dfrac{\pi}{2}\right)$;$y^{(4)}=\cos\left(x+3\times\dfrac{\pi}{2}\right)=\sin\left(x+4\times\dfrac{\pi}{2}\right).$

一般地,可得:

$y^{(n)}=\sin\left(x+n\times\dfrac{\pi}{2}\right)$,即 $(\sin x)^{(n)}=\sin\left(x+\dfrac{n\pi}{2}\right).$

学习思考3.3

对于幂函数 $y=x^n$,试从 m、n 的大小关系去讨论它的 m 阶导数问题.

同步训练3.3

1.求下列函数的二阶导数

(1) $y=x+e^x$ (2) $y=\ln^2 x$

(3) $y=e^x \sin x$ (4) $y=\sin(1-2x)$

2.求函数 $y=(x+1)^2$ 在点 $x=3$ 处的二阶导数值.

3.设一物体作变速直线运动,路程与时间的关系为 $s=t(t^2+5)$,问该物体在 $t=2$ 时刻的速度与加速度分别是多少?

3.4 函数的微分

函数的自变量发生微小变化时,讨论函数相应改变大小的问题往往是比较麻烦的，故寻求一种能够近似代替的量就显得尤为重要，这就是微分.

3.4.1 微分的概念

【引例 3.3】 一块正方形金属薄片受温度变化的影响，其边长由 x_0 变到 $x_0+\Delta x$，问此薄片的面积改变了多少？

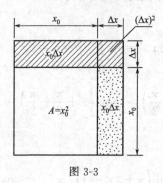

图 3-3

如图 3-3 所示，建立数学模型，上述问题可转化为：一个正方形的边长为 x，当边长增加 Δx 时，求面积增加了多少？设正方形的面积为 A，面积的增加部分记作 ΔA，则有：

$$\Delta A=(x+\Delta x)^2-x^2=2x\Delta x+\Delta x^2$$

由图可以看出面积的增加部分 ΔA 是由两个全等的长方形和一个正方形（阴影区域）组成.

当 $\Delta x \to 0$ 时，正方形 Δx^2 部分相对于两个长方形 $2x\Delta x$ 部分小很多，几乎可以忽略不计.面积的增加部分 ΔA 可以近似地看成是 $2x\Delta x$.即：

$$\Delta A=(x_0+\Delta x)^2-x_0^2\approx 2x_0\Delta x$$

下面我们给出微分的定义.

定义 3.2 设函数 $y=f(x)$ 在点 x 的一个邻域内有定义，如果函数 $f(x)$ 在点 x 处的增量 $\Delta y=f(x+\Delta x)-f(x)$ 可以表示为：$\Delta y=A\Delta x+\alpha$，其中 A 与 Δx 无关，$\alpha=o(\Delta x)$ 是 Δx 的高阶无穷小.则称 $A\Delta x$ 为函数 $y=f(x)$ 在 x 处的**微分**，记作 $\mathrm{d}y$，即 $\mathrm{d}y=A\Delta x$.

也称函数 $y=f(x)$ 在点 x 处**可微**.

定理 3.3 函数 $f(x)$ 在点 x_0 可微的充分必要条件是函数 $f(x)$ 在点 x_0 可导，且当函数 $f(x)$ 在点 x_0 处可微时，其微分一定是：$\mathrm{d}y=f'(x_0)\Delta x$.

证明：若函数可微，则有 $\Delta y=A\Delta x+o(\Delta x)$，因此：

$$\frac{\Delta y}{\Delta x}=A+\frac{o(\Delta x)}{\Delta x}\Rightarrow f'(x_0)=A$$

若函数可导，则有 $\lim\limits_{\Delta x \to 0}\frac{\Delta y}{\Delta x}=f'(x_0)$，因此：

$$\frac{\Delta y}{\Delta x}=f'(x_0)+\alpha,\Delta y=f'(x_0)\Delta x+o(\Delta x)$$

说明：可导$\Leftrightarrow$可微$\Rightarrow$连续$\Rightarrow$极限存在.

对于函数 $y=x$ 有 $\mathrm{d}x=\mathrm{d}y=(x)'\Delta x=\Delta x$，所以函数 $y=f(x)$ 的微分又可

记作：
$$dy = f'(x)dx$$

由此可得 $\dfrac{dy}{dx} = f'(x)$，函数的微分 dy 与自变量的微分 dx 之商等于该函数的导数.因此，导数又称为"微商".

【例 3.4.1】 函数 $y = x^3$，求：①函数在 $x = 2$ 且 $\Delta x = 0.02$ 处的增量；②函数的微分；③函数在 $x = 2$ 且 $\Delta x = 0.02$ 处的微分.

解：① $\Delta y = (2+0.02)^3 - 2^3 = 8.242408 - 8 = 0.242408$；

② 函数的微分为：$dy = (x^3)'dx = 3x^2 dx$；

③ $dy \Big|_{\substack{x=2 \\ \Delta x=0.02}} = 3x^2 dx \Big|_{\substack{x=2 \\ \Delta x=0.02}} = 3x^2 \Delta x \Big|_{\substack{x=2 \\ \Delta x=0.02}} = 3 \times 2^2 \times 0.02 = 0.24.$

由微分定义可知，在 $f'(x_0) \neq 0$ 的条件下，以微分 $dy = f'(x_0)\Delta x$ 近似代替增量 $\Delta y = f(x_0 + \Delta x) - f(x_0)$ 时，其误差为 $o(\Delta x)$.因此，在 $\Delta x \to 0$ 时，有近似等式：
$$\Delta y \approx dy$$

微分的几何意义：

如图 3-4 所示，曲线 $y = f(x)$ 上任取两点 M、N，Δx 是点 M、点 N 横坐标的增量，Δy 是点 M、点 N 纵坐标的增量，dy 是曲线上过点 M 的切线上点纵坐标的相应增量.当 $\Delta x \to 0$ 时，$|\Delta y - dy|$ 比 $|\Delta x|$ 小得多.因此在 M 点的邻近，我们可以用切线段来近似代替曲线段.

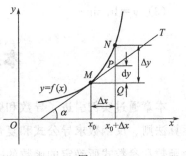

图 3-4

可见函数微分的几何意义就是：在曲线上某一点处，当自变量取得改变量 Δx 时，曲线在该点处切线纵坐标的改变量.显然，$\Delta x \to 0$ 时有 $dy \approx \Delta y$.

3.4.2 微分的运算

可微与可导是等价的，微分只是导数的另一种形式.在微分的运算中，可直接利用微分公式 $dy = f'(x)dx$ 求得函数的微分.

【例 3.4.2】 求函数 $y = e^x + \sin x$ 的微分.

解：$dy = f'(x)dx = (e^x + \sin x)'dx = (e^x + \cos x)dx.$

【例 3.4.3】 $y = x\sin x$，求 dy.

解：$dy = y'dx = [x'\sin x + x(\sin x)']dx = (\sin x + x\cos x)dx.$

【例3.4.4】 $y = e^{1-3x}$，求 dy.

解：$dy = (e^{1-3x})'dx = e^{1-3x}(1-3x)'dx = -3e^{1-3x}dx$.

学习思考3.4

导数与微分的联系与区别是什么？

同步训练3.4

1. 请在下列括号内填入一个恰当的函数使等式成立

(1) $d(\quad) = \sin x\, dx$ (2) $d(\quad) = \dfrac{1}{\sqrt{x}} dx$

(3) $d(\quad) = -\dfrac{1}{1+x} dx$ (4) $d(\quad) = \dfrac{1}{x^2} dx$

(5) $d(\quad) = \dfrac{1}{\sqrt{1-x^2}} dx$ (6) $d(\quad) = e^{-3x} dx$

2. 求下列函数的微分

(1) $y = x^2 + \cos x$ (2) $y = \ln x + 3x - 1$

(3) $y = \ln \sin x$ (4) $y = \sin(3x+4)$

本 章 小 结

本章通过实例引进了导数和微分的概念、导数的几何意义；介绍了导数的四则运算法则、反函数求导公式和复合函数的求导法，给出了基本初等函数导数公式、隐函数和参数式所确定的函数的一阶、二阶求导方法以及取对数求导法；介绍了微分运算方法.

基础训练

一、单项选择题

1. 设 $y = \sin 2x$，则 $f'\left(\dfrac{\pi}{6}\right) = (\quad)$.

    A. -1 B. 1 C. $\dfrac{\pi}{2}$ D. $-\dfrac{\pi}{2}$

2. 设 $y = e^2 + x^3$，则 $y' = (\quad)$.

    A. $e^2 + 3x^2$ B. $3x^2$ C. e^2 D. $e^2 - x^3$

3. 设 $f(x)=\ln(x+x^2)$，则 $f'(1)=(\quad)$.

A. 1　　　　　　B. -1　　　　　　C. 0　　　　　　D. $\dfrac{3}{2}$

4. 已知 $f(x)$ 在 $x=1$ 处可导，且 $f'(1)=3$，则 $\lim\limits_{h\to 0}\dfrac{f(1+2h)-f(1)}{h}=(\quad)$.

A. 0　　　　　　B. 1　　　　　　C. 3　　　　　　D. 6

5. 设函数 $y=\ln(3x-2)$，则 $\mathrm{d}y=(\quad)$.

A. $\dfrac{1}{3x-2}$　　B. $\dfrac{1}{3x-2}\mathrm{d}x$　　C. $\dfrac{3}{3x-2}$　　D. $\dfrac{3}{3x-2}\mathrm{d}x$

二、填空题

1. 设 $y=e^x\cos x-2\tan x$，则 $\mathrm{d}y=(\quad)$.
2. 已知函数 $y=ax^3-3x^2+2$，若 $y'(-1)=4$，则 $a=(\quad)$.
3. 曲线 $y=2x^2-3x-1$ 在 $x=1$ 处的切线方程是（　）.
4. 设 $y=x^5-\ln 2x$，则 $\dfrac{\mathrm{d}^2 y}{\mathrm{d}x^2}=(\quad)$.

三、求下列函数的导数

1. $y=(5x+3)^2$　　　　　　2. $y=e^{2x-1}$
3. $y=\sin^2(3x-1)$　　　　4. $y=\ln\sin 5x$

四、设 $\sin y=xy+y^2$，求 $\dfrac{\mathrm{d}y}{\mathrm{d}x}$.

五、判定函数 $f(x)=\begin{cases}3x^2 & x<1\\ 2x+1 & x\geqslant 1\end{cases}$ 在分界点处的可导性.

六、试求出曲线 $y=\dfrac{1}{3}x^3$ 上与直线 $x-4y=5$ 平行的切线方程.

[相关阅读]

牛顿简介

牛顿（Newton）1643年（阳历），即伽利略逝世的那年的圣诞节，出生于沃尔索普村.他的父亲是一个农民，在牛顿出生前就死去了，而且死以前就计划让他的儿子也务农。幼年的牛顿在设计灵巧的机械模型和做试验上，就显示出才能和爱好.例如，他做了一个以老鼠为动力磨面粉的磨和一架用水推动的木制的钟.十八岁时他被允许进入剑桥大学三一学院学习.

牛顿在上学之前,一直没有把注意力放在数学上,他先读了欧几里得《原本》,然后学习了笛卡尔的《几何》以及沃利斯的《无穷的算术》.他从读数学到研究数学,慢慢开始发现推广的二项式定理,并且从1665年夏末到1667年夏末创造了其流数法(今天我们称之为微积分学).

1665年,也是剑桥大学停课的第一年,牛顿住在家中,研究数学(过曲线上任意点作其切线和计算其曲率半径).牛顿于1667年回到剑桥,此后两年时间主要从事光学研究.

1669年,巴罗把自己的卢卡斯讲座给牛顿,于是牛顿开始了他十八年的大学教授生活.他的第一个讲演是关于光学的,后来以一篇论文的形式由皇家学会发表,并引起学术界相当大的兴趣和讨论.牛顿从1673~1683年在大学的讲演是关于代数和方程论的.

1687年由哈雷出资发表了牛顿的著作《自然哲学的数学原理》,这一著作的发表对整个欧洲产生了巨大的影响.1689年,牛顿代表大学进入议会.1703年,他被选为皇家学会主席,一直连任到逝世.牛顿于1705年被封为爵士.1727年,牛顿病痛缠身逝世,终年八十四岁,安葬于威斯特教堂.

牛顿是一位熟练的实验家和一位优秀的分析家.作为一个数学家,他对物理问题的洞察力及其用数学方法处理物理问题的能力,都是空前卓越的.

牛顿对自己有谦虚的评价:"我不知道世间把我看成什么样的人;但是,对我自己来说,我就像一个在海边玩耍的小孩,有时找到一块比较平滑的卵石或格外漂亮的贝壳,我为此感到高兴,在我前面是完全没有被发现的真理的大海洋."

第4章 导数的应用

学习目标

知识目标

了解洛必达法则，能够使用洛必达法则求解未定式型函数的极限；

掌握利用导数判定函数单调性的方法，掌握利用导数判定极值的方法；

会求解简单函数的最优问题，能够分析函数的误差问题．

能力目标

在理解导数、微分定义基础上，能够对实际问题建立数学模型，用导数、微分的思想和方法分析问题实质，求解实际问题．

素质目标

教学中要求学生"言必有据，理必缜密"，注重培养学生的严谨精神和敬业精神，加强培养学生应用数学的意识．

[任务目标]

① 某商场要出售一种玩具 20 个，已知该玩具每个成本为 50 元，若每个定价为 100 元，该玩具可全部售出．通过调研发现，定价每提高 5 元钱，就会少卖出一个玩具．试问该玩具每个定价为多少时，可获得利润最大？

② 某施工现场有一定数量的砖头，经过统计，在高度固定的情况下，只够砌长度为 20m 长的墙壁．若想用这些砖头靠着现有的某一面墙面砌一个小型的长方形游泳池，问工人如何设计泳池的长宽，使其面积最大？

③ 小明的学校位于家的正东方向 15km 处，放学后小明骑着自行车以每小时

12km 的速度向家行驶,同一时刻小明的妈妈以每小时 6km 的速度沿着家的正北方向去散步.试问经过多长时间,小明与妈妈的距离最近?

[知识链接]

4.1 洛必达法则

在前面的章节中,已介绍几种求函数极限的方法,本节将介绍另一种求极限的方法——洛必达法则,借助导数求极限.

有些函数在求极限时,会出现在同一变化过程中分子、分母同时趋于零或同时趋于无穷大的情况,即"$\dfrac{0}{0}$"型或"$\dfrac{\infty}{\infty}$"型,称之为未定式,它们的极限可能存在也可能不存在.未定式的极限求解,往往需要经过适当的变形,转化成可以利用极限运算法则或重要极限计算的形式.变形的方式无统一方法,因题而异,较难把握,下面我们介绍一种简便、可行、具有一般性的求解未定式极限的方法——洛必达法则.

4.1.1 洛必达法则(一)

若函数 $f(x)$ 与 $g(x)$ 满足条件:

(1) $\lim\limits_{x \to x_0} f(x) = 0$,$\lim\limits_{x \to x_0} g(x) = 0$;

(2) $f(x)$ 与 $g(x)$ 在点 x_0 的某个邻域内(点 x_0 可除外)可导,且 $g'(x) \neq 0$;

(3) $\lim\limits_{x \to x_0} \dfrac{f'(x)}{g'(x)} = A$(或 ∞);

则 $\lim\limits_{x \to x_0} \dfrac{f(x)}{g(x)} = \lim\limits_{x \to x_0} \dfrac{f'(x)}{g'(x)} = A$(或 ∞).

适用于"$\dfrac{0}{0}$"型未定式极限求解.

4.1.2 洛必达法则(二)

若函数 $f(x)$ 与 $g(x)$ 满足条件:

(1) $\lim\limits_{x \to x_0} f(x) = \infty$,$\lim\limits_{x \to x_0} g(x) = \infty$;

(2) $f(x)$ 与 $g(x)$ 在点 x_0 的某个邻域内(点 x_0 可除外)可导,且 $g'(x) \neq 0$;

(3) $\lim\limits_{x \to x_0} \dfrac{f'(x)}{g'(x)} = A$（或$\infty$）；

则 $\lim\limits_{x \to x_0} \dfrac{f(x)}{g(x)} = \lim\limits_{x \to x_0} \dfrac{f'(x)}{g'(x)} = A$（或$\infty$）.

适用于"$\dfrac{\infty}{\infty}$"型未定式极限求解.

对于法则（一）和法则（二），把 $x \to x_0$ 改为 $x \to \infty$，洛必达法则仍然成立.

【例 4.1.1】 求 $\lim\limits_{x \to 0} \dfrac{x}{1-e^x}$.

解：$\lim\limits_{x \to 0} \dfrac{x}{1-e^x} = \lim\limits_{x \to 0} \dfrac{1}{-e^x} = -1$.

【例 4.1.2】 求 $\lim\limits_{x \to 0} \dfrac{1-\cos x}{2x}$.

解：$\lim\limits_{x \to 0} \dfrac{1-\cos x}{2x} = \lim\limits_{x \to 0} \dfrac{\sin x}{2} = 0$.

【例 4.1.3】 求 $\lim\limits_{x \to -\infty} \dfrac{\arctan x + \dfrac{\pi}{2}}{\dfrac{1}{x}}$.

解：$\lim\limits_{x \to -\infty} \dfrac{\arctan x + \dfrac{\pi}{2}}{\dfrac{1}{x}} = \lim\limits_{x \to -\infty} \dfrac{-\dfrac{1}{1+x^2}}{-\dfrac{1}{x^2}} = \lim\limits_{x \to -\infty} \dfrac{x^2}{1+x^2} = 1$.

【例 4.1.4】 求 $\lim\limits_{x \to +\infty} \dfrac{\ln^2 x}{x}$.

解：$\lim\limits_{x \to +\infty} \dfrac{\ln^2 x}{x} = \lim\limits_{x \to +\infty} \dfrac{2\ln x}{x} = \lim\limits_{x \to +\infty} \dfrac{2}{x} = 0$.

【例 4.1.5】 求 $\lim\limits_{x \to +\infty} \dfrac{e^x}{x^3}$.

解：$\lim\limits_{x \to +\infty} \dfrac{e^x}{x^3} = \lim\limits_{x \to +\infty} \dfrac{e^x}{3x^2} = \lim\limits_{x \to +\infty} \dfrac{e^x}{6x} = \lim\limits_{x \to +\infty} \dfrac{e^x}{6} = \infty$.

综上所述，洛必达法则是求"$\dfrac{0}{0}$"和"$\dfrac{\infty}{\infty}$"型未定式极限的一种十分有效的方法，可以将较复杂的极限问题，转化为可能较为简单的导数比的极限 $\lim \dfrac{f(x)}{g(x)}$ $\left(\dfrac{0}{0} \text{或} \dfrac{\infty}{\infty} \right) = \lim \dfrac{f'(x)}{g'(x)}$. 需要强调的是洛必达法则是充分条件定理，而非充要条件

定理，特别当条件满足时可多次使用.

除上述这两种基本型的未定式，还有其他五种未定式：$0\times\infty$，$\infty-\infty$，0^0，∞^0，1^∞，它们一般也都可以通过变换转化为上述两种基本型未定式. 因此，洛必达法则也可以用来求诸如 $0\times\infty$，$\infty-\infty$，0^0，∞^0，1^∞ 型未定式的极限. 求这几种未定式极限的方法就是设法将它们化为 $\dfrac{0}{0}$ 和 $\dfrac{\infty}{\infty}$ 型.

【例 4.1.6】 求 $\lim\limits_{x\to 0^+} x\ln x$.

解：$\lim\limits_{x\to 0^+} x\ln x \,(0\times\infty \text{型}) = \lim\limits_{x\to 0^+} \dfrac{\ln x}{\dfrac{1}{x}} \left(\dfrac{\infty}{\infty}\text{型}\right) = \lim\limits_{x\to 0^+} \dfrac{\dfrac{1}{x}}{-\dfrac{1}{x^2}} = \lim\limits_{x\to 0^+}(-x) = 0$.

【例 4.1.7】 求 $\lim\limits_{x\to 1}\left(\dfrac{2}{x-1} - \dfrac{4}{x^2-1}\right)$.

解：$\lim\limits_{x\to 1}\left(\dfrac{2}{x-1} - \dfrac{4}{x^2-1}\right) = \lim\limits_{x\to 1}\dfrac{2x-2}{x^2-1} = \lim\limits_{x\to 1}\dfrac{2}{2x} = \lim\limits_{x\to 1}\dfrac{1}{x} = 1$

【例 4.1.8】 求 $\lim\limits_{x\to\infty}\dfrac{x+\sin x}{1+x}$.

解：这是 $\dfrac{\infty}{\infty}$ 型未定式，但极限 $\lim\limits_{x\to\infty}\dfrac{f'(x)}{g'(x)} = \lim\limits_{x\to\infty}\dfrac{1+\cos x}{1}$ 不存在，即不满足洛必达法则的第三个条件，所以不能使用洛必达法则. 事实上，原极限可通过如下变换求出：

$$\lim_{x\to\infty}\dfrac{x+\sin x}{1+x} = \lim_{x\to\infty}\dfrac{1+\dfrac{\sin x}{x}}{\dfrac{1}{x}+1} = 1$$

从此例可以看出，洛必达法则并不是万能的，当它失效的时候，并不表示函数的极限不存在，需考虑用其他方法进行计算.

对于幂指函数 $u(x)^{v(x)}$ 求极限，如果 $\lim u(x) = A > 0$，$\lim v(x) = B > 0$，则有如下法则：

$$\lim u(x)^{v(x)} = \lim u(x)^{\lim v(x)} = A^B$$

但是当 $\lim u(x)$ 与 $\lim v(x)$ 不符合上述条件时，例如 $u(x)\to 1$，$v(x)\to\infty$，幂指函数求极限时会产生未定式 1^∞，0^0，∞^0，这时可以通过取对数的方法将其转化成基本型再用此法则.

学习思考 4.1

1. $\lim \dfrac{f(x)}{g(x)}$ 是未定式型极限,当洛必达法则失效时,该函数的极限是否一定不存在?试举例说明.

2. 只要满足洛必达法则条件,则洛必达法则是否可以多次使用?

同步训练 4.1

1. 请检查下列各题计算是否正确,若不正确,请说明原因

(1) $\lim\limits_{x\to 1}\dfrac{x^3-4x+3}{x^3-x^2}=\lim\limits_{x\to 1}\dfrac{3x^2-4}{3x^2-2x}=\lim\limits_{x\to 1}\dfrac{6x}{6x-2}=1$

(2) $\lim\limits_{x\to 0}\dfrac{\sin x}{x^2\sin\dfrac{1}{x}}=\lim\limits_{x\to 0}\dfrac{\cos x}{2x\sin\dfrac{1}{x}-\cos\dfrac{1}{x}}$

因为式中 $\lim\limits_{x\to 0}\cos\dfrac{1}{x}$ 不存在,所以上式极限不存在.

2. 利用洛必达法则计算下列函数的极限

(1) $\lim\limits_{x\to 0}\dfrac{e^x-1}{x}$ 　　(2) $\lim\limits_{x\to 0^+}\dfrac{\ln(1-x)}{x^2}$

(3) $\lim\limits_{x\to 2}\dfrac{x^2-4}{x^3-8}$ 　　(4) $\lim\limits_{x\to 0}\dfrac{x-\sin x}{x^2}$

(5) $\lim\limits_{x\to 0^+}\dfrac{\ln\tan x}{\ln\tan 2x}$ 　　(6) $\lim\limits_{x\to +\infty}\dfrac{\ln x}{x^4}$

4.2　函数的单调性与极值

本节将利用导数讨论函数的单调性、极值和最值问题.

4.2.1　函数的单调性

前面已介绍函数单调性的定义,现将介绍利用导数判定函数单调性的方法.

从几何直观上分析,如果曲线是上升的,则过每一点处的切线斜率必大于零(图 4-1),也就是说 $f(x)$ 在切点处的导数大于零;相反地,如果曲线是下降的,则过每一点处的切线斜率必小于零(图 4-2),也就是说 $f(x)$ 在切点处的导数小于零. 由此可知,函数的单调性与导数的正负性有密切联系,一般地,有下面判定定理.

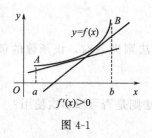
图 4-1

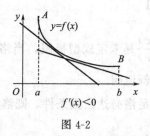
图 4-2

定理 4.1 设函数 $f(x)$ 在区间 (a,b) 内可导.

① 如果在 (a,b) 内，$f'(x)>0$，那么函数 $f(x)$ 在 (a,b) 内单调递增；

② 如果在 (a,b) 内，$f'(x)<0$，那么函数 $f(x)$ 在 (a,b) 内单调递减.

证明：①在区间 (a,b) 内任取两点 x_1，x_2，设 $x_1<x_2$，由于 $f(x)$ 在 (a,b) 内可导，故 $f(x)$ 在闭区间 $[x_1,x_2]$ 上连续，在开区间 (x_1,x_1) 内可导. 因此，存在 $\xi \in (x_1,x_2)$，使得

$$f(x_2)-f(x_1)=f'(\xi)(x_2-x_1) \quad (x_1<\xi<x_2)$$

因为 $x_2-x_1>0$，$f'(\xi)>0$，所以 $f(x_2)-f(x_1)>0$，即 $f(x_2)>f(x_1)$. 故 $f(x)$ 在 (a,b) 内单调递增.

② 同理可证，若 $f'(\xi)<0$，$f(x)$ 在 (a,b) 内单调递减.

说明：这个判定定理只是判定函数在区间内单调递增（或递减）的充分条件，而非必要条件.

一般来说函数 $f(x)$ 在定义域内单调性未必一致，需用特殊的分点将定义域分成若干子区间，使得 $f(x)$ 在每一个区间上都是单调函数. 而这些特殊的分点有两类：一是使得 $f'(x)=0$ 的点，我们称之为**驻点**（或稳定点）；二是导数不存在的点，称为**不可导点**.

判定函数的单调性问题时，一般采用列表分析法，即用列表的形式将 $f'(x)$ 在各个区间的正负性表示出来，表中应体现下面几个内容：

① 驻点、不可导数将定义域划分成几个子区间；

② 导数在各区间内的正负符号；

③ 函数在各区间的单调性.

【**例 4.2.1**】 判定函数 $y=e^x-x-1$ 的单调性.

解：函数的定义域为 $(-\infty,+\infty)$.

$y'=e^x-1$，令 $y'=0$，得驻点 $x=0$. 列表 4-1 讨论如下：

表 4-1

x	$(-\infty,0)$	0	$(0,+\infty)$
y'	$-$	0	$+$
y	↘		↗

从列表中可知,函数在区间 $(-\infty,0)$ 上单调递减;在区间 $(0,+\infty)$ 上单调递增.

【例 4.2.2】 讨论 $f(x)=2+3x-x^3$ 单调性.

解: $f(x)$ 的定义域为 $(-\infty,+\infty)$. $f'(x)=3-3x^2$. 令 $f'(x)=0$,得驻点 $x_1=-1$, $x_2=1$. 列表讨论如下:

x	$(-\infty,-1)$	-1	$(-1,1)$	1	$(1,+\infty)$
$f'(x)$	$-$	0	$+$	0	$-$
$f(x)$	↘		↗		↘

从列表中可知,函数的单调递减区间为 $(-\infty,-1)$、$[1,+\infty)$;单调递增区间为 $[-1,1]$.

【例 4.2.3】 求 $y=(2x-5)\sqrt[3]{x^2}$ 的单调区间.

解: $y=2x^{\frac{5}{3}}-5x^{\frac{2}{3}}$ 的定义域为 $(-\infty,+\infty)$.

令 $y'=\frac{10}{3}x^{\frac{2}{3}}-\frac{10}{3}x^{-\frac{1}{3}}=\frac{10}{3}\times\frac{x-1}{\sqrt[3]{x}}=0$,得驻点 $x=1$.

因 $x=0$ 时,函数的导数不存在,得不可导点 $x=0$.

列表 4-2 讨论如下:

表 4-2

x	$(-\infty,0)$	$(0,1)$	$(1,+\infty)$
$f'(x)$	$+$	$-$	$+$
$f(x)$	↗	↘	↗

从表中可以看出 $f(x)$ 的单增区间为 $(-\infty,0)$ 与 $(1,+\infty)$,单减区间为 $(0,1)$.

4.2.2 函数的极值

极值是局部概念,它不仅能帮助我们进一步分析函数的变化情况,为准确描绘函数图形提供不可缺少的判断信息,而且为研究函数的最值问题奠定了基础.

定义 4.1 设函数 $f(x)$ 在 x_0 的某邻域内有定义,如果对于该去心邻域内的任意的 x,有 $f(x)<f(x_0)$ [或 $f(x)>f(x_0)$];则称 x_0 为函数 $f(x)$ 的一个**极大值点**(或**极小值点**),称 $f(x_0)$ 为函数 $f(x)$ 的一个**极大值**(或**极小值**).

函数的极大值与极小值统称为**极值**,使函数取得极值的点称为**极值点**.

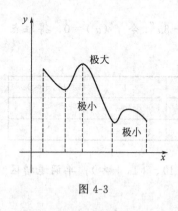

图 4-3

关于定义的几点说明:

① 函数的极值是局部概念.函数的极大值未必是函数的最大值;函数的极小值未必是最小值(如图 4-3 所示).

② 函数的极大值不一定大于函数的极小值.

③ 函数的极值一定在区间内部,但函数的最值可能在区间内部,也可能在区间端点处.

由函数单调性判定方法可知,函数的**可能极值点**为:函数的驻点和不可导点.

定理 4.2(必要条件) 设函数 $f(x)$ 在点 x_0 处可导,且在 x_0 处取得极值,那么函数在 x_0 处的导数必为零,即 $f'(x_0)=0$.

定理表明:函数 $f(x)$ 的可导极值点必是函数的驻点.反之,函数 $f(x)$ 的驻点却不一定是极值点.例如,$x=0$ 是函数 $f(x)=x^3$ 的驻点,但 $x=0$ 却不是函数 $f(x)=x^3$ 的极值点.

定理 4.3(第一充分条件) 设函数 $f(x)$ 在点 x_0 处连续,在 x_0 的某去心 $\delta-$ 邻域内可导.

① 若 $x\in(x_0-\delta, x_0)$ 时,$f'(x)>0$,而 $x\in(x_0, x_0+\delta)$ 时,$f'(x)<0$,则 x_0 是极大值点,$f(x_0)$ 是一个极大值;

② 若 $x\in(x_0-\delta, x_0)$ 时,$f'(x)<0$,而 $x\in(x_0, x_0+\delta)$ 时,$f'(x)>0$,则 x_0 是极小值点,$f(x_0)$ 是一个极小值;

③ 如果在 x_0 的某去心 $\delta-$ 邻域内,$f'(x)$ 正负符号不改变,则函数 $f(x)$ 在 x_0 处没有极值.

由该定理知,可由 x_0 左右两侧的导数 $f'(x)$ 的符号变化情况判定 $f(x_0)$ 是否为极值.

确定函数 $f(x)$ 极值点和极值的步骤如下:

① 确定 $f(x)$ 的定义域；

② 求出 $f(x)$ 的全部驻点和不可导点，将定义域划分成多个子区间；

③ 列表分析 $f(x)$ 在每个子区间内 $f'(x)$ 的符号变化情况，结合定理 4.3 判定函数的极值点；

④ 求出对应的极值.

【例 4.2.4】 求出函数 $f(x)=\dfrac{1}{3}x^3-x^2-3x+2$ 的极值.

解：函数 $f(x)$ 的定义域为 $(-\infty,+\infty)$.

令 $f'(x)=x^2-2x-3=(x+1)(x-3)=0$，得驻点：$x_1=-1$，$x_2=3$.

列表 4-3 分析如下：

表 4-3

x	$(-\infty,-1)$	-1	$(-1,3)$	3	$(3,+\infty)$
$f'(x)$	$+$	0	$-$	0	$+$
$f(x)$	↗	极大值	↘	极小值	↗

所以函数的极大值为 $f(-1)=\dfrac{11}{3}$，极小值为 $f(3)=-7$.

【例 4.2.5】 求函数 $y=\sqrt[3]{x^2}$ 的极值.

解：函数的定义域为 $(-\infty,+\infty)$.

$y'=\dfrac{2}{3\sqrt[3]{x}}$ $(x\neq 0)$，可知不可导点为 $x=0$.

列表 4-4 分析如下：

表 4-4

x	$(-\infty,0)$	0	$(0,+\infty)$
$f'(x)$	$-$	不可导	$+$
$f(x)$	↘	极小值	↗

所以函数有极小值为 $f(0)=0$.

【例 4.2.6】 求函数 $f(x)=(x-2)^{\frac{2}{3}}$ 的极值.

解：函数 $f(x)$ 的定义域为 $(-\infty,+\infty)$.

$f'(x)=\dfrac{2}{3}(x-2)^{-\frac{1}{3}}$ $(x\neq 2)$，可知 $x=2$ 是不可导点.

列表 4-5 分析如下：

表 4-5

x	$(-\infty, 2)$	2	$(2, +\infty)$
$f'(x)$	$-$	不可导	$+$
$f(x)$	↘	极小值	↗

所以函数有极小值为 $f(2)=0$.

【例 4.2.7】 已知函数 $f(x)=a\cos x+2x$ 在 $x=\dfrac{\pi}{6}$ 处取得极值，试求 a 的值.

解：$f'(x)=-a\sin x+2$，因函数在 $x=\dfrac{\pi}{6}$ 处取得极值，可知 $x=\dfrac{\pi}{6}$ 必是函数的驻点，即 $f'\left(\dfrac{\pi}{6}\right)=0 \Rightarrow -a\sin\dfrac{\pi}{6}+2=0 \Rightarrow a=4$.

除此方法，还可以用下列定理判定函数的极值问题：

定理 4.4（第二充分条件） 设函数 $f(x)$ 在点 x_0 处具有二阶导数，如果 $f'(x_0)=0$，$f''(x_0)\neq 0$，那么

① 若 $f''(x_0)<0$，则 x_0 函是极大值点，$f(x_0)$ 是极大值；

② 若 $f''(x_0)>0$，则 x_0 函是极小值点，$f(x_0)$ 是极小值.

说明：当 $f''(x_0)=0$ 时，定理 4.4 失效，不能判定 $f(x_0)$ 是否是极值，只能应用定理 4.3 来判定.

【例 4.2.8】 求论函数 $f(x)=x^3-3x+1$ 的极值.

解：函数 $f(x)$ 的定义域为 $(-\infty, +\infty)$.

$f'(x)=3x^2-3$，令 $f'(x)=0$，得驻点：$x_1=-1$，$x_2=1$.

$f''(x)=6x$，可得 $f''(-1)=-6<0$，所以 $x=-1$ 是极大值点，极大值为 3.

$f''(1)=6>0$，所以 $x=1$ 是极小值点，极小值为 -1.

【例 4.2.9】 求函数 $f(x)=2x^2-3$ 的极值.

解：函数 $f(x)$ 的定义域为 $(-\infty, +\infty)$.

令 $f'(x)=4x=0$，得驻点 $x=0$.

$f''(x)=4>0$，可知 $f''(0)>0$，所以 $x=0$ 是极小值点，极小值为 -3.

【例 4.2.10】 求函数 $f(x)=x^3-6x^2+9x-1$ 的极值.

解：函数 $f(x)$ 的定义域为 $(-\infty, +\infty)$.

令 $f'(x)=3x^2-12x+9=0$，得驻点 $x_1=1$，$x_2=3$.

$f''(x)=6x-12$，可得 $f''(1)=-6<0$，所以 $x=1$ 是极大值点，极大值为 3；

$f''(3)=6>0$，所以 $x=3$ 是极小值点，极小值为 -1.

学习思考 4.2

1. 函数的单调性必将在驻点或不可导点处改变吗？
2. 函数的不可导点一定是函数的极值点吗？试举例说明．
3. 函数的极值必在驻点和不可导点处取得，是吗？

同步训练 4.2

1. 试讨论函数 $y=x^3-2x^2+x-1$ 的单调性．
2. 证明：当 $x>0$ 时，$x>\ln(1+x)$．
3. 判定下列函数的单调性与极值

   (1) $y=\dfrac{\ln x}{x}$ (2) $y=4x^3-3x^2-6x+2$

   (3) $y=2x^2-8x+3$ (4) $f(x)=x^3+3x^2-24x-20$

   (5) $y=x^4-2x^2-5$ (6) $y=2x^2-\ln x$

4. 求下列函数的极值点和极值

   (1) $y=x^4-2x^3+x^2-1$ (2) $y=x-\ln(1+x)$

   (3) $y=\sqrt{1-x}$ (4) $y=2e^x+e^{-x}$

5. 试讨论函数 $f(x)=x^4$，$g(x)=x^3$ 在点 $x=0$ 是否有极值．

4.3 函数的最值

生活生产中，往往会考虑在一定条件下的最优问题，这些内容可归结为函数的最大值和最小值问题，因此本节内容具有很大的应用价值和实际意义．

4.3.1 最值存在问题

函数 $f(x)$ 在闭区间 $[a,b]$ 上连续，则该区间上一定存在函数的最大值和最小值．函数的最大值和最小值或在区间的端点取得，或在开区间 (a,b) 内取得．在开区间内取得最值的，一定是函数的极值．因此，函数在闭区间 $[a,b]$ 上的最大值点（或最小值点）一定出现在下列三种点上：开区间 (a,b) 内的驻点、不可导点，或区间端点 a、b．

4.3.2 最大值和最小值的求解方法

① 确定函数的定义域；

② 求出函数的驻点和不可导点；

③ 求出区间端点及驻点和不可导点的函数值，比较它们的大小，最大者就是最大值，最小者就是最小值．

【例 4.3.1】 求函数 $f(x)=2x^3-6x^2-18x-1$ 在 $[-2,4]$ 上的最大值和最小值．

解：令 $f'(x)=6x^2-12x-18=6(x-3)(x+1)=0$，得驻点 $x_1=-1$，$x_2=3$．

可计算端点函数值：$f(0)=-1$，$f(4)=-41$；驻点函数值：$f(-1)=9$，$f(3)=-55$．因此函数在 $[-2,4]$ 上的最大值为 $f(-1)=9$，最小值为 $f(3)=-55$．

【例 4.3.2】 求函数 $f(x)=3x^2-12x+14$ 在 $[-3,2]$ 上的最大值和最小值．

解：令 $f'(x)=6x-12=6(x-2)=0$，得驻点 $x=2$．

可计算端点函数值：$f(-3)=77$，$f(0)=14$；驻点函数值：$f(2)=2$．因此函数在 $[-3,2]$ 上的最大值为 $f(-3)=77$，最小值为 $f(2)=2$．

[问题解决]

4.3.3 最值的应用

实际问题求最值基本上分两步：

① 建立目标函数（题设问题中所要研究的函数）；

② 利用导数方法求最值．

函数 $f(x)$ 在一个区间内可导且只有唯一一个驻点 x_0，且该驻点 x_0 是函数 $f(x)$ 的极值点，那么当 $f(x_0)$ 是极大值时，$f(x_0)$ 就是该区间上的最大值；当 $f(x_0)$ 是极小值时，$f(x_0)$ 就是在该区间上的最小值．

因此，如果实际问题中表明目标函数的确存在最值，当目标函数可导且只有唯一驻点时，该点的函数值即为问题所求的最大值（或最小值）．

【例 4.3.3】 某商场要出售一种玩具 20 个，已知该玩具每个成本为 50 元，若每个定为 100 元，该玩具可全部售出．通过调研发现，定价每提高 5 元钱，就会少卖出一个玩具．试问该玩具每个定价为多少时，可获得利润最大？

解：设玩具每个定价为 x 元，售出的玩具数量为 $\left(20-\dfrac{x-100}{5}\right)$ 个，可获得的利润为：

$$L(x)=(x-50)\left(20-\dfrac{x-100}{5}\right)=-\dfrac{x^2}{5}+50x-2000$$

$$L'(x)=-\dfrac{2x}{5}+50,\ 令\ L'(x)=0 \Rightarrow \quad x=125 \quad (\text{唯一驻点}).$$

故玩具每个定价为125元时,可获得最大利润,最大利润为:
$$L(125) = -\frac{125^2}{5} + 50 \times 125 - 2000 = 1125(元).$$

【例4.3.4】 某施工现场有一定数量的砖头,经过统计,在高度固定的情况下,只够砌长度为20m的墙壁.若想用这些砖头靠着现有的某一面墙面砌一个小型的长方形游泳池,问工人如何设计泳池的长宽,使其面积最大?

解:设泳池的宽度为 x m,则长度为 $(20-2x)$m,故泳池的面积为:
$$S = x(20-2x) = 20x - 2x^2$$

令 $S' = 20 - 4x = 0$,可得唯一驻点:$x = 5$.

故设计泳池的宽度为5m,长度为10m时,面积最大:
$$S(5) = 20 \times 5 - 2 \times 5^2 = 50(m^2).$$

【例4.3.5】 小明的学校位于家的正东方向15km处,放学后小明骑着自行车以每小时12km的速度向家行驶,同一时刻小明的妈妈以每小时6km的速度沿着家的正北方向去散步.试问经过多长时间,小明与妈妈的距离最近?

解:设经过 x h,小明与家的距离为 $(15-12x)$km,妈妈与家的距离为 $6x$ km,则小明与妈妈的距离为:
$$S(x) = \sqrt{(6x)^2 + (15-12x)^2} = \sqrt{180x^2 - 360x + 225}$$

$$S'(x) = \frac{180x - 180}{\sqrt{180x^2 - 360x + 225}}, \quad 令 S'(x) = 0 \Rightarrow x = 1 \quad (唯一驻点).$$

故经过1h,小明与妈妈的距离最近.

学习思考4.3

极值与最值有什么联系和区别?

同步训练4.3

1. 求下列各题中函数的最大值和最小值
   (1) $y = x^3 + 12x - 1$, $x \in [-4,4]$ (2) $y = 4x^3 - 5x^2 - 2x + 1$, $x \in [-1,2]$
   (3) $y = 3x^5 - 5x^3$, $x \in [-2,3]$ (4) $y = 2x^2 - x^3$, $x \in [-1,2]$

2. 某工厂生产一批产品,已知生产成本 C 与产品数量 x 间的关系为 $C(x) = 5x + 100$,收益 R 与产品数量 x 间的关系为 $R(x) = 20x - 0.1x^2$.试问产品数量 x 定为多少时,获得的利润最大?

3. 有一块边长为1m的正方形铁皮,现将四角各截去一个大小相同的正方形,利用剩下的铁皮折起四边焊成一个无盖水槽,问每个角截去的正方形为多大时,所得的水槽容积能够最大?

4. 一铁匠手中有一块铁皮,某客户要求铸造一个容积为 V 的铁桶,问铁匠如何设计才能使所用的铁皮最省?

本 章 小 结

本章介绍了求解未定式型函数极限的一种较有效方法——洛必达法则;给出了利用导数判定函数单调性的判定法则;阐述了函数极值的概念以及判定函数极值的方法;总结了利用导数求函数最值的方法,增强了导数的实用性,为一些实际问题的优化提供了方法.

基础训练

一、单项选择题

1. 函数 $y = x - \ln x$ 在定义域内(　　).

 A. 无极值　　　　B. 极大值为 1　　　C. 极小值为 1

2. 函数 $y = f(x)$ 在 $[2,4]$ 上连续,在 $(2,4)$ 内 $f'(x) > 0$,下列不等式成立的是(　　).

 A. $f(4) > f(3) > f(2)$　　　　　　B. $f(2) > f(3) > f(4)$
 C. $f(4) < f(3) < f(2)$　　　　　　D. $f(4) < f(2) < f(3)$

3. $f'(x_0) = 0$, $f''(x_0) > 0$ 是函数 $y = f(x)$ 在点 x_0 处取得极值的(　　).

 A. 必要条件　　　B. 充分条件　　　C. 充要条件

4. 设函数 $y = 3 - (x-1)^{\frac{2}{3}}$,则点 $x = 1$ 是函数的(　　).

 A. 可导的点　　　B. 驻点　　　　　C. 极值点

二、填空题

1. $y = x^2 - 3x$ 的驻点是(　　).

2. $y = x^3 - 3x^2 - 9x + 1$ 在区间 $[-2, 4]$ 上的最大值为(　　);最小值为(　　).

三、用列表法分析下列函数的单调性与极值

1. $f(x) = x^4 - 2x^2$　　　　　　　　2. $f(x) = x^2 \ln x$

3. $f(x) = x^3 - 3x^2 - 9x + 2$　　　　4. $f(x) = \sqrt{x^2 + 2x - 1}$

四、某厂要设计一批容积为 V 的有盖圆柱形容器,问底面半径与高具有何比例时,所用材料最少?

五、已知某企业生产某种产品产量为 Q 单位时,其销售收入函数为 $R(Q)=8\sqrt{Q}$,成本函数为 $C(Q)=\dfrac{1}{4}Q^2+1$,求使利润达到最大时产量为多少单位?最大利润为多少?

[相关阅读]

微积分的起源与发展史

微积分(calculus)是高等数学中研究函数的微分(differentiation)、积分(integration)以及有关概念和应用的数学分支.它是数学的一个基础学科.内容主要包括极限、微分学、积分学及其应用.微分学包括求导数的运算,是一套关于变化率的理论.它使得函数、速度、加速度和曲线的斜率等均可用一套通用的符号进行讨论.积分学,包括求积分的运算,为定义和计算面积、体积等提供了一套通用的方法.

微积分成为一门学科是在 17 世纪.17 世纪有许多科学问题需要解决,这些问题也就成了促使微积分产生的因素.归结起来,大约有四种主要类型的问题:第一类是研究运动的时候直接出现的,也就是求即时速度的问题;第二类问题是求曲线的切线问题;第三类问题是求函数的最大值和最小值问题;第四类问题是求曲线长、曲线围成的面积、曲面围成的体积、物体的重心、一个体积相当大的物体作用于另一物体上的引力.数学首先从对运动(如天文、航海问题等)的研究中引出了一个基本概念,在那以后的二百年里,这个概念在几乎所有的工作中占中心位置,这就是函数或变量间关系的概念.紧接着函数概念的使用,产生了微积分,它是继欧几里得几何之后,全部数学中的最伟大的创造之一.围绕着解决上述四个核心的科学问题,微积分问题至少被 17 世纪数十个数学家探索过.其创立者一般认为是牛顿和莱布尼茨.

17 世纪的许多著名的数学家、天文学家、物理学家都为解决上述几类问题做了大量的研究工作,如法国的费马、笛卡尔、罗伯瓦、笛沙格;英国的巴罗、瓦里士;德国的开普勒;意大利的卡瓦列利等人都提出过许多很有建树的理论,为微积分的创立做出了贡献.

例如费马、巴罗、笛卡尔都对求曲线的切线以及曲线围成的面积问题有过深入的研究,并且得到了一些结果,但是他们都没有意识到它的重要性.在17世纪的前三分之二,微积分的工作沉没在细节里,作用不大的细枝末节的推理使研究人员筋疲力尽.只有少数几个数学家意识到了这个问题,如詹姆斯·格里高利说过:"数学的真正划分不是分成几何和算术,而是分成普遍的和特殊的".而这普遍的东西是由两个包罗万象的思想家牛顿和莱布尼茨提出的.17世纪下半叶,在前人工作的基础上,英国科学家牛顿和德国数学家莱布尼茨分别在自己的国度里独自研究和完成了微积分的创立工作,虽然这只是十分初步的工作.他们的最大功绩是把两个貌似毫不相关的问题联系在一起,一个是切线问题(微分学的中心问题),一个是求积问题(积分学的中心问题).

牛顿和莱布尼茨建立微积分的出发点是直观的无穷小量,因此这门学科早期也称为无穷小分析,这正是现时数学中分析学这一大分支名称的来源.牛顿研究微积分着重于从运动学来考虑,莱布尼茨却是侧重于几何学来考虑的.

第5章 定积分与不定积分

学习目标

知识目标

理解定积分和不定积分的概念、定积分和不定积分的基本性质;

了解广义积分的概念,会求无穷区间的广义积分;

掌握变上限定积分导数的计算方法;

熟练掌握牛顿-莱布尼茨公式计算定积分;

熟练掌握定积分和不定积分的换元法和分部积分法.

能力目标

培养学生的观察能力、逆向思维能力及计算能力.

素质目标

通过"化整为零,以直代曲,积零为整,无限逼近"的过程,掌握有限与无限、近似与精确的关系,树立绝对与相对的辩证统一思想.

定积分和不定积分是高等数学最重要的内容之一,它在自然科学和实际问题中都有着广泛的应用.本章将从实际例子出发,介绍定积分和不定积分的概念与性质、微积分基本定理、定积分和不定积分的积分方法.

5.1 定积分的概念与性质

5.1.1 定积分的概念

【引例 5.1】 曲边梯形的面积.

所谓**曲边梯形**就是由三条直线段（其中两条都垂直于第三条）和一条曲线段围成的平面图形. 图 5-1 就是由直线 $x=a$，$x=b$，$y=0$（x 轴）和曲线 $y=f(x)$ 所围成的曲边梯形. 那么如何求这个曲边梯形的面积？

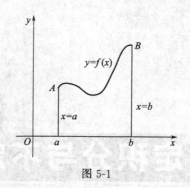

图 5-1

在初等数学中，求圆的面积是用一系列边数无限增加的圆内接正多边形来逼近圆，从而得到圆的面积. 即求这一系列圆内接正多边形面积的极限. 我们也用这种方法来求曲边梯形的面积 A. 按以下步骤进行计算.

① 分割：把区间 $[a,b]$ 上插入 $n-1$ 个分点

$$a=x_0<x_1<x_2<\cdots<x_{i-1}<x_i<\cdots<x_{n-1}<x_n=b$$

把区间 $[a,b]$ 分成 n 个小区间：

$$[x_0,x_1],[x_1,x_2],\cdots,[x_{i-1},x_i],\cdots,[x_{n-1},x_n]$$

第 i 个小区间的长度记为 $\Delta x_i = x_i - x_{i-1}(i=1,2,\cdots,n)$. 过这 $n-1$ 个分点作垂直于 x 轴的直线段，它们把曲边梯形分成 n 个小曲边梯形，第 i 个小曲边梯形的面积记为 $\Delta A_i(i=1,2,\cdots,n)$.

② 近似替换：如图 5-2 所示，在每个小区间 $[x_{i-1},x_i]$ $(i=1,2,\cdots,n)$ 上任取一点 ξ_i，作以 Δx_i 为底、$f(\xi_i)$ 为高的矩形，则小曲边梯形的面积 ΔA_i 的近似值为

$$\Delta A_i \approx f(\xi_i)\Delta x_i (i=1,2,\cdots,n)$$

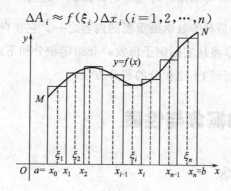

图 5-2

③ 求和：将 n 个小矩形面积相加就得到曲边梯形面积 A 的近似值，即

$$A \approx \sum_{i=1}^{n} f(\xi_i)\Delta x_i = f(\xi_i)\Delta x_1 + f(\xi_2)\Delta x_2 + \cdots + f(\xi_n)\Delta x_n$$

④ 求极限：令 $\lambda = \max\limits_{1 \leqslant i \leqslant n}\{\Delta x_i\}$，则当 $\lambda \to 0$ 时，和式 $\sum_{i=1}^{n} f(\xi_i)\Delta x_i$ 的极限就是曲边梯形面积 A 的精确值，即

$$A = \lim_{\lambda \to 0} \sum_{i=1}^{n} f(\xi_i)\Delta x_i$$

【引例 5.2】 变速直线运动的路程.

一质点做变速直线运动，其速度 $v = v(t)$ 是时间 t 的连续函数，且 $v(t) > 0$，求质点在某个时间段（从 $t = T_1$ 到 $t = T_2$）内所经过的路程 s.

① 分割：在区间 $[T_1, T_2]$ 上插入 $n-1$ 个分点，将其分成 n 个小区间 $[t_{i-1}, t_i]$，令 $\Delta t_i = t_i - t_{i-1}$，质点在第 i 个时间段内所经过的路程为 Δs_i（$i = 1, 2, \cdots, n$）.

② 近似替换：在每个小区间 $[t_{i-1}, t_i]$（$i = 1, 2, \cdots, n$）上任取一点 τ_i，则 Δs_i 的近似值为 $\Delta s_i \approx v(\tau_i)\Delta t_i$（$i = 1, 2, \cdots, n$）.

③ 求和：所求路程的近似值为 $s = \sum_{i=1}^{n} \Delta s_i \approx \sum_{i=1}^{n} v(\tau_i)\Delta t_i$.

④ 求极限：令 $\lambda = \max\limits_{1 \leqslant i \leqslant n}\{\Delta t_i\}$，则当 $\lambda \to 0$ 时，和式 $\sum_{i=1}^{n} v(\tau_i)\Delta t_i$ 的极限就是所求路程 s 的精确值，即

$$s = \lim_{\lambda \to 0} \sum_{i=1}^{n} v(\tau_i)\Delta t_i$$

从上面的两个实例可以看出，虽然这两个问题的实际意义不同，但是解决问题的方法和步骤是完全相同的，并且最终的结果也是相似的.我们抛开具体问题的实际意义，对它们在数量关系上共同的本质特征加以研究，就产生了定积分的概念.

定义 5.1 设函数 $y = f(x)$ 在区间 $[a, b]$ 上有定义，任取分点

$$a = x_0 < x_1 < x_2 < \cdots < x_{i-1} < x_i < \cdots < x_{n-1} < x_n = b$$

把区间 $[a, b]$ 分成个 n 小区间 $[x_{i-1}, x_i]$（$i = 1, 2, \cdots, n$），记 $\Delta x_i = x_i - x_{i-1}$（$i = 1, 2, \cdots, n$），$\lambda = \max\limits_{1 \leqslant i \leqslant n}\{\Delta x_i\}$.在每个小区间 $[x_{i-1}, x_i]$（$i = 1, 2, \cdots, n$）上任取一点 ξ_i，作和式 $\sum_{i=1}^{n} f(\xi_i)\Delta x_i$，如果当 $\lambda \to 0$ 时，和式的极限存在（此极限与区间 $[a, b]$ 的分法及点 ξ_i 的取法无关），则称此极限值为函数 $f(x)$ 在区间 $[a, b]$ 上的

定积分，记作 $\int_a^b f(x)dx$，即

$$\int_a^b f(x)dx = \lim_{\lambda \to 0} \sum_{i=1}^n f(\xi_i)\Delta x_i$$

此时也称函数 $f(x)$ 在区间 $[a,b]$ 上可积。其中 $f(x)$ 称为被积函数，$f(x)dx$ 称为被积表达式，$[a,b]$ 称为积分区间，a，b 分别称为积分下限和积分上限.

由定积分的定义，引例 5.1 中曲边梯形的面积可表示为 $A = \int_a^b f(x)dx$，引例 5.2 中质点所经过的路程可表示为 $s = \int_{T_1}^{T_2} v(t)dt$.

定积分定义的有关说明：

① 若函数 $f(x)$ 在闭区间 $[a,b]$ 上连续或只有有限个第一类间断点，则 $f(x)$ 一定是可积的.

② 定积分是一个确定的常数，它只与被积函数 $f(x)$ 和积分区间 $[a,b]$ 有关，而与积分变量的选取无关，即 $\int_a^b f(x)dx = \int_a^b f(t)dt$.

③ 在给出定积分的定义时，隐含着 $a < b$，为了以后计算方便，我们补充规定：

$\int_b^a f(x)dx = -\int_a^b f(x)dx$. 于是就得到 $\int_a^a f(x)dx = 0$.

5.1.2 定积分的几何意义

根据引例 5.1 和定积分的定义，可得出定积分的几何意义为：

设由直线 $x=a$，$x=b$，$y=0$（x 轴）和曲线 $y=f(x)$ 所围成曲边梯形的面积为 A.

① 若 $f(x) \geqslant 0$，则 $\int_a^b f(x)dx = A$；

② 若 $f(x) \leqslant 0$，则 $\int_a^b f(x)dx = -A$；

③ 若 $f(x)$ 在闭区间 $[a,b]$ 上的值有正也有负时，则积分 $\int_a^b f(x)dx$ 就是曲线 $y=f(x)$ 在 x 轴上方部分与下方部分面积的代数和，即 $\int_a^b f(x)dx = -A_1 + A_2 - A_3$. 如图 5-3 所示.

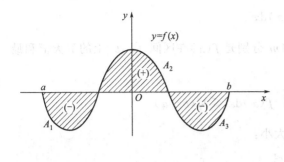

图 5-3　　　　　　　　　　图 5-4

由定积分的几何意义有：$\int_a^b k\,dx = k(b-a)$，其中 k 为常数.

【例 5.1.1】　求 $\int_0^R \sqrt{R^2 - x^2}\,dx$ 的值.

解：由定积分的几何意义，$\int_0^R \sqrt{R^2 - x^2}\,dx$ 就是由直线 $x=0$，$x=R$，$y=0$ 和曲线 $y=\sqrt{R^2-x^2}$ ($x\geqslant 0$) 所围成的曲边梯形的面积. 而这个曲边梯形是以原点为圆心，R 为半径的位于第一象限的四分之一圆（见图 5-4），所以 $\int_0^R \sqrt{R^2-x^2}\,dx = \frac{1}{4}\pi R^2$.

5.1.3　定积分的基本性质

性质 1　两个函数代数和的定积分等于这两个函数定积分的代数和，即

$$\int_a^b [f(x) \pm g(x)]\,dx = \int_a^b f(x)\,dx \pm \int_a^b g(x)\,dx$$

这一性质可以推广到任意有限个函数代数和的情形.

性质 2　被积函数中的常数因子可提到积分符号的前面，即

$$\int_a^b kf(x)\,dx = k\int_a^b f(x)\,dx，其中 k 为常数$$

性质 3　（积分区间的可加性）对于任意的实数 c，有

$$\int_a^b f(x)\,dx = \int_a^c f(x)\,dx + \int_c^b f(x)\,dx$$

性质 4　（积分的保序性）在区间 $[a,b]$ 上，若有 $f(x) \geqslant g(x)$，则

$$\int_a^b f(x)\,dx \geqslant \int_a^b g(x)\,dx$$

特别地,$\int_a^b |f(x)| dx \geq \int_a^b f(x) dx$.

性质 5 (积分的可估性)设 M 和 m 分别是 $f(x)$ 在区间 $[a,b]$ 上的最大值和最小值,则

$$m(b-a) \leq \int_a^b f(x) dx \leq M(b-a)$$

【例 5.1.2】 比较下列定积分的大小:

① $\int_0^1 x^2 dx$ 与 $\int_0^1 x^3 dx$ ② $\int_0^{\frac{\pi}{4}} \sin x \, dx$ 与 $\int_0^{\frac{\pi}{4}} \cos x \, dx$

解:① 由于在区间 $[0,1]$ 上,有 $x^2 \geq x^3$,于是由性质 4 可得 $\int_0^1 x^2 dx \geq \int_0^1 x^3 dx$.

② 因为在区间 $\left[0, \frac{\pi}{4}\right]$ 上,有 $\sin x \leq \cos x$,所以 $\int_0^{\frac{\pi}{4}} \sin x \, dx \leq \int_0^{\frac{\pi}{4}} \cos x \, dx$

【例 5.1.3】 估计定积分 $\int_{-1}^2 e^{-x^2} dx$ 的值.

解:设 $f(x) e^{-x^2}$,则 $f(x)$ 在区间 $[-1,2]$ 上连续.令 $f'(x) = -2x e^{-x^2} = 0$,得驻点 $x = 0$.由 $f(0) = e^0 = 1$,$f(-1) = e^{-1}$,$f(2) = e^{-4}$ 知 $f(x)$ 在区间 $[1,2]$ 上的最大值为 $M = 1$,最小值为 $m = e^{-4}$.根据性质 5 得

$$3e^{-4} \leq \int_{-1}^2 e^{-x^2} dx \leq 3$$

学习思考 5.1

利用定积分的几何意义求下列定积分的值

① $\int_0^{2\pi} \sin x \, dx$; ② $\int_0^a \sqrt{a^2 - x^2} \, dx$.

同步训练 5.1

1. 比较下列各对积分值的大小

(1) $\int_0^{\frac{\pi}{2}} x \, dx$ 与 $\int_0^{\frac{\pi}{2}} \sin x \, dx$; (2) $\int_0^1 e^x dx$ 与 $\int_0^1 e^{x^2} dx$.

2. 估计下列积分的值

(1) $\int_1^3 x^2 dx$; (2) $\int_{\frac{1}{\sqrt{3}}}^{\sqrt{3}} x \arctan x \, dx$.

3. 某物体以速度 $v=2t$ 做直线运动，用定积分表示此物体在时间段 $[1,3]$ 内所走过的路程.

5.2 不定积分的概念与性质

5.2.1 不定积分的概念

(1) 原函数的概念

定义 5.2 设函数 $f(x)$ 在区间 I 上有定义，如果存在函数 $F(x)$，使得对任一 $x \in I$ 都有

$$F'(x)=f(x)$$

则称函数 $F(x)$ 为函数 $f(x)$ 在区间 I 的一个原函数.

求原函数就是求导数的逆运算，一个函数 $F(x)$ 是不是 $f(x)$ 的原函数，只要看它的导数是否等于 $f(x)$ 即可.

例如：因为在区间 $(-\infty,+\infty)$ 内有 $(x^3)'=3x^2$，所以 x^3 是 $3x^2$ 在区间 $(-\infty,+\infty)$ 内的一个原函数. 同理，x^3+1 也是 $3x^2$ 在区间 $(-\infty,+\infty)$ 内的一个原函数.

由此，若 $F(x)$ 是 $f(x)$ 在某区间上的一个原函数，则函数族 $F(x)+C$（C 为任意常数）都是 $f(x)$ 在该区间上的原函数。这是因为 $[F(x)+C]'=f(x)$. 可见如果 $f(x)$ 有原函数，那么它就有无穷多个原函数. 这个函数族 $F(x)+C$ 是否包含了 $f(x)$ 的全体原函数呢？

事实上，设 $F(x)$ 是 $f(x)$ 在区间 I 上的一个原函数，$\Phi(x)$ 是 $f(x)$ 在区间 I 上的任一个原函数，即

$$F'(x)=f(x), \Phi'(x)=f(x)$$

由此

$$[F(x)-\Phi(x)]'=F'(x)-\Phi'(x)=f(x)-f(x)=0$$

由微分中值定理的推论得

$$F(x)-\Phi(x)=C(C \text{ 为任意常数})$$

于是

$$\Phi(x)=F(x)+C$$

因为 $\Phi(x)$ 是 $f(x)$ 在区间 I 上的任意一个原函数，所以 $F(x)+C$ 是 $f(x)$ 在区间 I 上的全体原函数的一般表达式.

(2) 不定积分

定义 5.3 函数 $f(x)$ 在区间 I 上的所有原函数称为函数 $f(x)$ 在区间 I 上的不定积分,记作 $\int f(x)dx$,即

$$\int f(x)dx = F(x) + C$$

其中记号 $\int$ 称为积分号,$f(x)$ 称为被积函数,$f(x)dx$ 称为被积表达式,x 称为积分变量,C 为任意常数.

由不定积分的定义知求一个函数的不定积分,只需求出它的一个原函数,再加上任意常数 C 就可以了.

【例 5.2.1】 求下列不定积分

① $\int \sin x \, dx$; ② $\int e^x \, dx$.

解: ① 因为 $(-\cos x)' = \sin x$,即 $-\cos x$ 是 $\sin x$ 的一个原函数,所以

$$\int \sin x \, dx = -\cos x + C \quad (C \text{ 为任意常数})$$

② 因为 $(e^x)' = e^x$,即 e^x 是 e^x 的一个原函数,所以

$$\int e^x \, dx = e^x + C \quad (C \text{ 为任意常数})$$

我们约定,如果原函数的存在区间正好就是被积函数的最大连续区间,那么,不定积分的表示式中就不再写出有关区间的表示.

5.2.2 不定积分的性质

首先设 $F(x)$ 是 $f(x)$ 在区间 I 上的一个原函数即 $F'(x) = f(x)$,则有

$$\int f(x)dx = F(x) + C$$

故有

$$\left[\int f(x)dx\right]' = [F(x) + C]' = F'(x) + C' = f(x)$$

所以得到

$$\left[\int f(x)dx\right]' = f(x)$$

此式表明,一个函数的不定积分的导数是这个函数本身.那么一个函数的导数的不定积分情况如何呢?留给读者思考.

性质 6 两个函数的和（或差）的不定积分等于这两个函数的不定积分的和（或差）. 即

$$\int [f(x) \pm g(x)] dx = \int f(x) dx \pm \int g(x) dx$$

证明：因为 $\left[\int f(x) dx \pm \int g(x) dx \right]' = \left[\int f(x) dx \right]' \pm \left[\int g(x) dx \right]' = f(x) \pm g(x)$，所以 $\int [f(x) \pm g(x)] dx$ 是 $f(x) \pm g(x)$ 的原函数. 又 $\int [f(x) \pm g(x)] dx$ 中已含有任意常数 C，所以 $\int [f(x) \pm g(x)] dx$ 是 $f(x) \pm g(x)$ 的不定积分. 即

$$\int [f(x) \pm g(x)] dx = \int f(x) dx \pm \int g(x) dx$$

性质 7 被积函数中的不为零的常数因子可以提到积分号外，即

$$\int kf(x) dx = k \int f(x) dx, (k \text{ 为不等于零的常数})$$

证明：与性质 1 的证明类似. 因为 $\left[k \int f(x) dx \right]' = k \left[\int f(x) dx \right]' = kf(x)$，所以 $k \int f(x) dx$ 是 $kf(x)$ 的原函数. 又 $k \int f(x) dx$ 含有任意常数，故 $k \int f(x) dx$ 是 $kf(x)$ 的不定积分.

【例 5.2.2】 求 $\int (e^x - 2\cos x) dx$.

解：$\int (e^x - 2\cos x) dx = \int e^x dx - 2 \int \cos x dx = e^x - 2\sin x + C$.

其中在逐项积分时，每一个不定积分都有一个任意常数，几个任意常数的代数和仍是常数，故只需在结果最后写出一个常数即可.

【例 5.2.3】 求 $\int (\sin x + x^5 - 4) dx$.

解：$\int (\sin x + x^5 - 4) dx = \int \sin x dx + \int x^5 dx - \int 4 dx = -\cos x + \frac{1}{6} x^6 - 4x + C$

学习思考 5.2

已知一质点的运动速度为 $v(t) = 2\cos t$，且满足条件 $s(0) = 5$，求质点的运动规律 $s(t)$.

同步训练 5.2

1. 找出下列函数的原函数

(1) $\dfrac{1}{x^3}$　　(2) $\dfrac{x}{\sqrt{1+x^2}}$　　(3) $\dfrac{2x}{1+x^2}$　　(4) $1-x^{-1}$

2. 求下列函数的不定积分

(1) $\displaystyle\int \dfrac{1}{x^2\sqrt{x}}\mathrm{d}x$　　(2) $\displaystyle\int \dfrac{(x^2-1)(x+3)}{x^2}\mathrm{d}x$

(3) $\displaystyle\int 3^{2x}\mathrm{e}^x\mathrm{d}x$　　(4) $\displaystyle\int (10^x+x^{10})\mathrm{d}x$

(5) $\displaystyle\int \dfrac{\cos 2x}{\cos x-\sin x}\mathrm{d}x$　　(6) $\displaystyle\int \dfrac{1+\cos^2 x}{1+\cos 2x}\mathrm{d}x$

3. 一曲线经过点（3,2），且曲线上每一点的切线的斜率都等于 x^2，求该曲线方程.

5.3　微积分基本公式

从定积分的定义中可以看出，直接利用定义求定积分的值是一件十分烦琐和困难的事情.本节将介绍一种更实用的计算定积分的工具，这就是牛顿-莱布尼茨公式，也称为微积分基本公式.

5.3.1　变上限定积分

定义 5.4　设 $f(x)$ 在区间 $[a,b]$ 上连续，x 为区间 $[a,b]$ 上的任意一点；称

$$\Phi(x)=\int_a^x f(t)\mathrm{d}t \quad (a\leqslant x\leqslant b)$$

为 $f(x)$ 在区间 $[a,b]$ 上的变上限定积分.

因为 $f(x)$ 在区间 $[a,x]$ 上连续，所以定义 5.4 中定积分存在.如果积分上限 x 在 $[a,b]$ 上任意变动，那么对于每一个取定的 x 值，都有唯一的定积分值与它对应，所以 $\Phi(x)$ 是定义在区间 $[a,b]$ 上的一个函数.关于这个函数 $\Phi(x)$ 有如下重要性质.

定理 5.1　若函数 $f(x)$ 在区间 $[a,b]$ 上连续，则函数

$$\Phi(x)=\int_a^x f(t)\mathrm{d}t \quad (a\leqslant x\leqslant b)$$

就是函数 $f(x)$ 在区间 $[a,b]$ 上的一个原函数，即

$$\Phi'(x)=\dfrac{\mathrm{d}}{\mathrm{d}x}\int_a^x f(t)\mathrm{d}t=f(x) \quad (a\leqslant x\leqslant b)$$

证明：设函数 $\Phi(x)$ 的自变量 x 的增量为 Δx，其中 $a<x+\Delta x<b$，函数

$\Phi(x)$ 相应的增量为 $\Delta\Phi(x)$，则

$$\Delta\Phi(x) = \Phi(x+\Delta x) - \Phi(x) = \int_a^{x+\Delta x} f(t)dt - \int_a^x f(t)dt = \int_x^{x+\Delta x} f(t)dt$$

由定积分的中值定理，至少存在一点 ξ（ξ 在 x 与 $x+\Delta x$ 之间），使得

$$\int_x^{x+\Delta x} f(t)dt = f(\xi)\Delta x$$

所以再由 $f(x)$ 在区间 $[a,b]$ 上连续有

$$\Phi'(x) = \lim_{\Delta x \to 0} \frac{\Delta\Phi(x)}{\Delta x} = \lim_{\Delta x \to 0} \frac{f(\xi)\Delta x}{\Delta x} = \lim_{x \to \xi} f(\xi) = f(x)$$

同理可证，若 $x=a$，取 $\Delta x > 0$，有 $\Phi'_+(a) = f(a)$；若 $x=b$，取 $\Delta x < 0$，有 $\Phi'_-(b) = f(b)$. 因此定理得证.

【例 5.3.1】 计算 $\left(\int_a^x \sin\sqrt{1+t^2}\right)'$.

解：$\left(\int_a^x \sin\sqrt{1+t^2}\right)' = \sin\sqrt{1+x^2}$.

【例 5.3.2】 求 $\dfrac{d}{dx}\int_0^{x^2} t^2 e^{-2t} dt$.

解：令 $u = x^2$，则由复合函数的求导法则有

$$\frac{d}{dx}\int_0^{x^2} t^2 e^{-2t} dt = \left(\frac{d}{du}\int_0^u t^2 e^{-2t} dt\right)\frac{du}{dx} = u^2 e^{-2u}(2x) = 2x^5 e^{-2x^2}.$$

事实上，若函数 $\varphi(x)$ 可导，总有

$$\frac{d}{dx}\int_a^{\varphi(x)} f(t)dt = f[\varphi(x)]\varphi'(x)$$

上面的结果可作为公式直接使用.

【例 5.3.3】 求极限 $\lim\limits_{x \to 0} \dfrac{\int_0^{x^2} \sin t\, dt}{x^4}$.

解：因为 $\lim\limits_{x \to 0}\int_0^{x^2}\sin t\,dt = \int_0^0 \sin t\,dt = 0$，所以这个极限是 $\dfrac{0}{0}$ 型的未定式，根据洛必达法则有

$$\lim_{x \to 0}\frac{\int_0^{x^2}\sin t\,dt}{x^4} = \lim_{x \to 0}\frac{2x\sin x^2}{4x^3} = \frac{1}{2}\lim_{x \to 0}\frac{\sin x^2}{x^2} = \frac{1}{2}.$$

5.3.2 牛顿-莱布尼茨公式

定理 5.2 如果 $F(x)$ 是连续函数 $f(x)$ 在区间 $[a,b]$ 上的一个原函数，

那么
$$\int_a^b f(x)dx = F(b) - F(a)$$

证明：已知 $F(x)$ 是函数 $f(x)$ 的一个原函数，由定理 5.1 知，$f(x)$ 的变上限定积分

$$\Phi(x) = \int_a^x f(t)dt \quad (a \leqslant x \leqslant b)$$

也是 $f(x)$ 的一个原函数. 所以二者之间在区间 $[a,b]$ 上只相差一个常数 C，即

$$F(x) - \Phi(x) = C \quad (a \leqslant x \leqslant b)$$

令 $x = a$，则 $\Phi(a) = 0$；由上式可得 $C = F(a)$. 将之代入到上式中有

$$\Phi(x) = F(x) - F(a), \text{即} \int_a^x f(t)dt = F(x) - F(a)$$

在上式中令 $x = b$，立即得到所要证明的定理.

为了方便起见，记 $F(b) - F(a) = F(x)\Big|_a^b$，于是上面的公式通常写成

$$\int_a^b f(x)dx = F(x)\Big|_a^b = F(b) - F(a)$$

这个公式就是**牛顿-莱布尼茨公式**，也称为**微积分基本公式**. 它进一步揭示了定积分与被积函数的原函数或不定积分之间的关系，为定积分提供了一个简便而有效的计算方法. 这样一来，我们就可以直接求一些简单函数的定积分.

【例 5.3.4】 计算定积分 $\int_1^2 3x^2 dx$.

解：因为 x^3 是 $3x^2$ 的一个原函数，所以

$$\int_1^2 3x^2 dx = x^3 \Big|_1^2 = 2^3 - 1^3 = 7$$

【例 5.3.5】 计算定积分 $\int_0^1 \left(3^x - \frac{4}{1+x^2}\right)dx$.

解：$\int_0^1 \left(3^x - \frac{4}{1+x^2}\right)dx = \left(\frac{3^x}{\ln 3} - 4\arctan x\right)\Big|_0^1$

$$= \left(\frac{3}{\ln 3} - 4 \times \frac{\pi}{4}\right) - (3^0 \ln 3 - 4 \times 0) = 2\ln 3 - \pi.$$

【例 5.3.6】 计算定积分 $\int_0^\pi |\cos x| dx$.

解：$\int_0^\pi |\cos x|\,dx = \int_0^{\frac{\pi}{2}} \cos x\,dx + \int_{\frac{\pi}{2}}^\pi (-\cos x)\,dx = \sin x \Big|_0^{\frac{\pi}{2}} - \sin x \Big|_{\frac{\pi}{2}}^\pi = 2.$

学习思考 5.3

1. 如果 $f(x) = \int_x^{-1} t e^{-t}\,dt$，那么 $f'(x)$ 等于什么？

2. 求极限 $\lim\limits_{x \to 0} \dfrac{\int_0^x \frac{\sin t^2}{t}\,dt}{x^2}$.

同步训练 5.3

1. 求下列函数的导数

(1) $f(x) = \int_0^x \sin t^3\,dt$ (2) $f(x) = \int_{x^2}^0 \arctan t^3\,dt$

2. 求下列定积分

(1) $\int_0^1 (x^2 + 3^x - 1)\,dx$ (2) $\int_4^9 \left(\sqrt{x} + \dfrac{1}{\sqrt{x}}\right)dx$

(3) $\int_0^3 e^{\frac{x}{3}}\,dx$ (4) $\int_{-1}^1 f(x)\,dx$，其中 $f(x) = \begin{cases} x, & x \geq 0 \\ \sin x, & x < 0 \end{cases}$

5.4 积分的计算方法

根据牛顿-莱布尼茨公式，计算定积分的关键是求出被积函数的一个原函数. 我们在求一些较为复杂函数的原函数时，采用了换元积分法和分部积分法，同样定积分的计算中也有相应换元积分法和分部积分法.

5.4.1 积分的换元积分法

定理 5.3（不定积分的换元积分法） 设 $\int f(u)\,du = F(u) + C$，且 $u = \varphi(x)$ 为可微函数，则

$$\int f[\varphi(x)]\varphi'(x)\,dx = F[\varphi(x)] + C$$

证明：由已知 $\int f(u)\,du = F(u) + C$ 得 $F'(u) = f(u)$，且 $u = \varphi(x)$. 则

$$\{F[\varphi(x)]\}' = F'_u u'_x = f(u)\varphi'(x) = f[\varphi(x)]\varphi'(x)$$

于是得到

$$\int f[\varphi(x)]\varphi'(x)dx = F[\varphi(x)] + C$$

由该定理我们知道，在求不定积分时，如果被积表达式可以整理成 $f[\varphi(x)]\varphi'(x)dx = f[\varphi(x)]d\varphi(x)$，并且 $f(u)$ 具有原函数 $F(u)$，那么可设 $u = \varphi(x)$，这时

$$\int f[\varphi(x)]\varphi'(x)dx = \int f[\varphi(x)]d\varphi(x) = \int f(u)du = F(u) + C = F[\varphi(x)] + C$$

上面介绍的不定积分的求法称第一换元法，中间出现将 $\varphi'(x)dx$ 凑成微分 $d\varphi(x) = du$，所以第一换元法又称**凑微分法**.

【例 5.4.1】 求 $\int \cos(5x + 3)dx$.

解：设 $u = 5x + 3$，则 $du = d(5x + 3) = 5dx$，从而 $dx = \frac{1}{5}du$，于是 $\int \cos(5x + 3)dx = \frac{1}{5}\int \cos u\, du = \frac{1}{5}\sin u + C = \frac{1}{5}\sin(5x + 3) + C$

【例 5.4.2】 求 $\int (4x + 5)^{99}dx$.

解：设 $u = 4x + 5$，则 $du = 4dx$，$dx = \frac{1}{4}du$，于是

$$\int (4x + 5)^{99}dx = \frac{1}{4}\int u^{99}du = \frac{1}{4} \times \frac{1}{100}u^{100} + C = \frac{1}{400}(4x + 5)^{100} + C$$

在对变量代换比较熟练以后，所设中间变量 u 可以不写出来.

【例 5.4.3】 求 $\int \frac{\ln x}{x}dx$.

解：$\int \frac{\ln x}{x}dx = \int \ln x\, d(\ln x) = \frac{1}{2}(\ln x)^2 + C$.

【例 5.4.4】 求 $\int \frac{e^x}{1 + e^{2x}}dx$.

解：$\int \frac{e^x}{1 + e^{2x}}dx = \int \frac{e^x}{1 + (e^x)^2}dx = \int \frac{1}{1 + (e^x)^2}d(e^x) = \arctan e^x + C$.

【例 5.4.5】 求 $\int \frac{dx}{a^2 + x^2}$.

解：$\int \frac{dx}{a^2 + x^2} = \frac{1}{a^2}\int \frac{dx}{1 + \left(\frac{x}{a}\right)^2} = \frac{a}{a^2}\int \frac{1}{1 + \left(\frac{x}{a}\right)^2}d\frac{x}{a} = \frac{1}{a}\arctan \frac{x}{a} + C$.

【例 5.4.6】 求 $\int \tan x \, dx$.

解：$\int \tan x \, dx = \int \dfrac{\sin x}{\cos x} dx = -\int \dfrac{d \cos x}{\cos x} = -\ln|\cos x| + C.$

定理 5.4（定积分的换元积分法） 若函数 $f(x)$ 在区间 $[a,b]$ 上连续，函数 $x = \varphi(t)$ 满足下列条件：

① $\varphi(\alpha) = a$，$\varphi(\beta) = b$；

② $\varphi(t)$ 在区间 $[\alpha,\beta]$（或 $[\beta,\alpha]$）上单调且有连续的导数 $\varphi'(t)$.

则有
$$\int_a^b f(x) dx = \int_\alpha^\beta f[\varphi(t)] \varphi'(t) dt$$

上式称为定积分的**换元积分公式**.

【例 5.4.7】 求 $\int_0^{\frac{\pi}{2}} e^{\sin x} \cos x \, dx$.

解：$\int_0^{\frac{\pi}{2}} e^{\sin x} \cos x \, dx = \int_0^{\frac{\pi}{2}} e^{\sin x} d\sin x = e^{\sin x} \Big|_0^{\frac{\pi}{2}} = e - 1.$

【例 5.4.8】 设 $f(x)$ 在区间 $[-a, a]$ 上连续，证明：

① 若 $f(x)$ 为奇函数，则 $\int_{-a}^a f(x) dx = 0$；

② 若 $f(x)$ 为偶函数，则 $\int_{-a}^a f(x) dx = 2\int_0^a f(x) dx$.

证明：由定积分对区间的可加性有
$$\int_{-a}^a f(x) dx = \int_{-a}^0 f(x) dx + \int_0^a f(x) dx$$

对定积分 $\int_{-a}^0 f(x) dx$ 作变量替换 $x = -t$，于是 $dx = -dt$. 当 $x = -a$ 时，$t = a$；当 $x = 0$ 时，$t = 0$，则有
$$\int_{-a}^0 f(x) dx = -\int_a^0 f(-t) dt = \int_0^a f(-t) dt = \int_0^a f(-x) dx$$

所以
$$\int_{-a}^a f(x) dx = \int_0^a f(-x) dx + \int_0^a f(x) dx = \int_0^a [f(-x) + f(x)] dx$$

① 当 $f(x)$ 为奇函数时，$f(-x) = -f(x)$，所以 $f(-x) + f(x) = 0$，因此
$$\int_{-a}^a f(x) dx = 0$$

② 当 $f(x)$ 为偶函数时，$f(-x) = f(x)$，所以 $f(-x) + f(x) = 2f(x)$，

因此
$$\int_{-a}^{a} f(x)dx = 2\int_{0}^{a} f(x)dx$$

本题结论可作为公式使用.

5.4.2 积分的分部积分法

定理 5.5（不定积分的分部积分法） 设函数 $u=u(x)$ 及 $v=v(x)$ 具有连续导数，则两个函数乘积的导数公式为

$$(uv)' = u'v + uv'$$

移项，得

$$uv' = (uv)' - u'v$$

两端求不定积分，得

$$\int uv' dx = uv - \int u'v dx$$

上式叫做分部积分公式.

当积分 $\int uv' dx$ 不易计算，而积分 $\int u'v dx$ 比较容易计算时，且 v 要容易求得，就可以使用这个公式了. 这种利用分部积分的方法叫做分部积分法. 为简便起见，可以把公式写成下面的形式：

$$\int u dv = uv - \int v du$$

【例 5.4.9】 求 $\int x\cos x dx$.

解：设 $u=x$，$dv=\cos x dx$，那么 $du=dx$，$v=\sin x$，代入分部积分公式得

$$\int x\cos x dx = x\sin x - \int \sin x dx = x\sin x + \cos x + C$$

【例 5.4.10】 求 $\int x e^x dx$.

解：设 $u=x$，$dv=e^x dx$，那么 $du=dx$，$v=e^x$. 于是

$$\int x e^x dx = x e^x - \int e^x dx = x e^x - e^x + C$$

当对分部积分熟悉后，可不必详细写出 u、v 的选取，直接计算.

【例 5.4.11】 求 $\int x\ln x dx$.

解：$\int x\ln x dx = \int \ln x d\dfrac{x^2}{2} = \dfrac{1}{2}x^2\ln x - \int \dfrac{x^2}{2}d(\ln x)$

$$= \frac{1}{2}x^2\ln x - \int \frac{x}{2}dx = \frac{1}{2}x^2\ln x - \frac{x^2}{4} + C.$$

【例 5.4.12】 求 $\int \arcsin x \, dx$.

解：$\int \arcsin x \, dx = x\arcsin x - \int x \, d\arcsin x = x\arcsin x - \int x \frac{1}{\sqrt{1-x^2}}dx$

$$= x\arcsin x + \sqrt{1-x^2} + C.$$

上述例题说明当被积函数为一单独函数时，可考虑令 $dv = dx$.

【例 5.4.13】 求 $\int e^x \cos x \, dx$.

解：$\int e^x \cos x \, dx = \int \cos x \, de^x = e^x \cos x - \int e^x d\cos x$

$$= e^x \cos x + \int e^x \sin x \, dx$$

$$= e^x \cos x + \int \sin x \, de^x$$

$$= e^x \cos x + e^x \sin x - \int e^x \cos x \, dx.$$

移项得 $2\int e^x \cos x \, dx = e^x \cos x + e^x \sin x + C_1$

所以 $2\int e^x \cos x \, dx = \frac{1}{2}(\cos x + \sin x)e^x + C$

此题经过两次分部积分，出现了所求的不定积分，即视为出现"循环现象"，这时所求积分是经过解方程得到. 而在求不定积分的过程中往往要同时用到换元积分法和分部积分法.

通过上面例题的学习，读者应该体会到求不定积分的方法很多，而每种方法都有自身的特点及应用范围，所以在学习时要不断总结方法和积累经验，以便更好地学习定积分.

定理 5.6（定积分的分部积分法） 若函数 $u=u(x)$ 与 $v=v(x)$ 在区间 $[a, b]$ 上有连续的导数，则有

$$\int_a^b u(x)dv(x) = [u(x)v(x)]\Big|_a^b - \int_a^b v(x)du(x)$$

上式称为定积分的分部积分公式，也可简记为：

$$\int_a^b u \, dv = (uv)\Big|_a^b - \int_a^b v \, du$$

【例 5.4.14】 计算 $\int_1^e x\ln x\,dx$.

解：$\int_1^e x\ln x\,dx = \int_1^e \ln x\,d\dfrac{x^2}{2} = \dfrac{x^2}{2}\ln x\Big|_1^e - \int_1^e \dfrac{x^2}{2}d\ln x$

$= \dfrac{e^2}{2} - \int_1^e \dfrac{x}{2}dx = \dfrac{e^2}{2} - \dfrac{1}{4}x^2\Big|_1^e = \dfrac{1}{4}(e^2+1)$.

【例 5.4.15】 计算 $\int_0^{\frac{\pi}{2}} e^x\cos x\,dx$.

解：因为 $\int_0^{\frac{\pi}{2}} e^x\cos x\,dx = \int_0^{\frac{\pi}{2}} \cos x\,de^x = e^x\cos x\Big|_0^{\frac{\pi}{2}} - \int_0^{\frac{\pi}{2}} e^x\,d\cos x$

$= -1 + \int_0^{\frac{\pi}{2}} e^x\sin x\,dx = -1 + \int_0^{\frac{\pi}{2}} \sin x\,de^x$

$= -1 + \left(e^x\sin x\Big|_0^{\frac{\pi}{2}} - \int_0^{\frac{\pi}{2}} e^x\,d\sin x\right)$

$= e^{\frac{\pi}{2}} - 1 - \int_0^{\frac{\pi}{2}} e^x\cos x\,dx$

所以 $\int_0^{\frac{\pi}{2}} e^x\cos x\,dx = \dfrac{1}{2}(e^{\frac{\pi}{2}} - 1)$.

学习思考 5.4

1. 凑微分法是换元积分法的一种，用凑微分法时是否一定要换积分限呢？
2. 应用分部积分法时，函数 $u(x)$、$v(x)$ 如何选取？

同步训练 5.4

1. 用换元积分法求下列定积分

(1) $\int \sin 2x\,dx$　　(2) $\int (2x-3)^{99}\,dx$　　(3) $\int 10^{-2x}\,dx$

(4) $\int_0^{\frac{\pi}{2}} \sin^3 x\cos x\,dx$　　(5) $\int_1^e \dfrac{2+\ln x}{x}dx$　　(6) $\int_{-\pi}^{\pi} x^6\sin x\,dx$

2. 利用分部积分法求下列定积分

(1) $\int x\sin 2x\,dx$　　(2) $\int \ln x\,dx$　　(3) $\int x\arctan x\,dx$

(4) $\int_0^{\frac{1}{2}} \arcsin x\,dx$　　(5) $\int_0^1 xe^x\,dx$　　(6) $\int_0^{\pi} x\sin x\,dx$

(7) $\int_0^{\frac{\pi}{2}} e^x \sin x \, dx$ (8) $\int_0^1 x^2 e^x \, dx$ (9) $\int_0^1 \ln(1+x^2) \, dx$

5.5 广义积分*

在前面我们讨论定积分时,要求积分区间是有限区间,并且被积函数在积分区间上有界.但在一些实际问题中,往往会遇到积分区间为无限区间或被积函数无界的情形,这就要求我们将定积分的概念在上述两个方面加以推广,从而形成广义积分的概念.

定义 5.5 设函数 $f(x)$ 在区间 $[a,+\infty)$ 上连续,令 $b>a$,若极限 $\lim\limits_{b\to+\infty}\int_a^b f(x)\,dx$ 存在,则称此极限为函数 $f(x)$ 在区间 $[a,+\infty)$ 上的广义积分,记为 $\int_a^{+\infty} f(x)\,dx$,即

$$\int_a^{+\infty} f(x)\,dx = \lim_{b\to+\infty} \int_a^b f(x)\,dx$$

此时也称广义积分 $\int_a^{+\infty} f(x)\,dx$ **收敛**;若极限 $\lim\limits_{b\to+\infty}\int_a^b f(x)\,dx$ 不存在,则称 $\int_a^{+\infty} f(x)\,dx$ **发散**.

类似地,定义在区间 $(-\infty,b)$ 上的连续函数 $f(x)$ 的广义积分定义为

$$\int_{-\infty}^b f(x)\,dx = \lim_{a\to-\infty} \int_a^b f(x)\,dx$$

若上式极限存在,则称**广义积分收敛**;否则称**广义积分发散**.

在区间 $(-\infty,+\infty)$ 上的连续函数 $f(x)$ 的广义积分定义为

$$\int_{-\infty}^{+\infty} f(x)\,dx = \int_{-\infty}^0 f(x)\,dx + \int_0^{+\infty} f(x)\,dx$$

若 $\int_{-\infty}^0 f(x)\,dx$ 与 $\int_0^{+\infty} f(x)\,dx$ 都收敛,则称此广义积分收敛;否则称其发散.

【例 5.5.1】 计算广义积分 $\int_{-\infty}^0 e^x \, dx$.

解:据定义有 $\int_{-\infty}^0 e^x \, dx = \lim\limits_{a\to-\infty} \int_a^0 e^x \, dx = \lim\limits_{a\to-\infty} \left(e^x \Big|_a^0\right) = \lim\limits_{a\to-\infty}(e^0 - e^a) = 1$.

【例 5.5.2】 计算 $\int_{-\infty}^{+\infty} \dfrac{1}{1+x^2}\,dx$.

解:$\int_{-\infty}^{+\infty}\frac{1}{1+x^2}dx = \int_{-\infty}^{0}\frac{1}{1+x^2}dx + \int_{0}^{+\infty}\frac{1}{1+x^2}dx = -\left(-\frac{\pi}{2}\right)+\frac{\pi}{2}=\pi.$

【例 5.5.3】 试判断 $\int_{0}^{+\infty}\cos x\,dx$ 的敛散性.

解:因为 $\int_{0}^{+\infty}\cos x\,dx = \lim_{b\to+\infty}\int_{0}^{b}\cos x\,dx = \lim_{b\to+\infty}(\sin x)\Big|_{0}^{b} = \lim_{b\to+\infty}\sin x$ 极限不存在,所以 $\int_{0}^{+\infty}\sin x\,dx$ 是发散的.

本 章 小 结

本章从求曲边梯形的面积出发,引入定积分和不定积分的概念,介绍了定积分和不定积分的性质.通过牛顿-莱布尼茨公式,把定积分的计算转换成不定积分的计算问题.对于复杂形式的积分,利用积分的换元积分法和分部积分法进行计算.

基础训练

一、选择题

1. 设 $f(x)=x^3+x$,则 $\int_{-2}^{2}f(x)dx = $ (   ).

   A. 0 B. 8

   C. $\int_{0}^{2}f(x)dx$ D. $2\int_{0}^{2}f(x)dx$

2. 若 $f(x)=\begin{cases}x, x\geqslant 0\\ e^x, x<0\end{cases}$,则 $\int_{-1}^{2}f(x)dx = $ (   ).

   A. $3+e$ B. $3-e$ C. $3+e^{-1}$ D. $3-e^{-1}$

3. 设 $f(x)$ 在 $[a,b]$ 上连续,则下列各式中不成立的是 (   ).

   A. $\int_{a}^{a}f(x)dx = \int_{a}^{b}f(t)dt$ B. $\int_{a}^{b}f(x)dx = -\int_{b}^{a}f(t)dt$

   C. $\int_{a}^{a}f(x)dx = 0$ D. 若 $\int_{a}^{b}f(x)dx = 0$,则 $f(x)=0$

4. $\frac{d}{dx}\int_{a}^{x}\frac{\sin t}{t}dt = $ (   ).

   A. $\frac{\sin x}{x}$ B. $\frac{\cos x}{x}$ C. $\frac{\sin a}{a}$ D. $\frac{\sin t}{t}$

5. $\dfrac{d}{dx}\left[\int_a^b f(t)\,dt\right] = (\quad)$.

   A. $f(x)$ B. $f(b)-f(a)$ C. 0   D. $f'(x)$

二、填空题

1. $\int_0^2 |1-x^2|\,dx = (\quad)$;

2. $\int_0^{\pi} \cos\dfrac{x}{2}\,dx = (\quad)$;

3. $\int_{-1}^{1} \dfrac{\sin x}{x^2+1}\,dx = (\quad)$;

4. $\int_{\frac{\pi}{4}}^{\frac{5\pi}{4}}(1+\sin^2 x)\,dx$ 的值的范围是 $(\quad)$;

5. $\lim\limits_{x\to 0} \dfrac{\int_0^x \sin t\,dt}{\int_0^x t\,dt} = (\quad)$.

三、计算下列定积分

1. $\int_0^{\frac{\pi}{2}} \left|\dfrac{1}{2}-\sin x\right|\,dx$ 2. $\int_0^{\frac{\pi}{2}} \sin x\cos^2 x\,dx$ 3. $\int_0^{\ln 2} \dfrac{e^x}{1+e^{2x}}\,dx$

4. $\int_1^e x\ln x\,dx$ 5. $\int_1^{\sqrt{3}} \dfrac{1}{\sqrt{4-x^2}}\,dx$ 6. $\int_0^{\frac{\pi}{4}} \dfrac{x}{\cos^2 x}\,dx$

[相关阅读]

莱布尼茨简介

莱布尼茨（Leibniz），1646年出生于莱比锡城，当他还是儿童的时候，就自学拉丁文和希腊文，不到二十岁，他就熟练地掌握了一般课本上的数学、哲学、

神学和法学知识．莱布尼茨是德国最重要的自然科学家、数学家、物理学家、历史学家和哲学家，一位举世罕见的科学天才，被誉为17世纪的亚里士多德．

莱布尼茨在《万能算法》的研究中导出了数理逻辑的理论和具有形式规则的符号法．虽然这个设想，只是到今天，才达到了令人注目的实现阶段；但是，莱布尼茨已经用通行的术语陈述了逻辑的加法、乘法和否定的主要性

质,已经考虑到空集和集的包含关系,并且,已经指出在集的包含关系和命题的蕴含关系之间的类似性.

莱布尼茨是在 1673~1676 年之间某时发明他的微积分的. 1675 年 10 月 29 日,他第一次用大写字母 S(拉丁字母 Summa 的第一个字母)这个现代的积分符号表示卡瓦列利的"不可分元"之和,几周之后,他像我们今天这样写微分和微商,并有了像 $\int y dx$ 和 $\int y dy$ 这样的积分. 直到 1684 年,他才发表了关于微积分的第一篇论文. 我们学习的微积分课程中的微分的许多基本原则,是莱布尼茨推出的.

从 1676 年直到逝世,莱布尼茨一直为汉诺威的布龙斯威克公爵服务. 1714 年,他的东家成了英国的第一个德国裔国王,而莱布尼茨被遗忘而留在汉诺威. 据说,1716 年他逝世后,只有他忠实的秘书参加他的葬礼.

由于莱布尼茨创建了微积分,并精心设计了非常巧妙简洁的微积分符号,从而使他以伟大数学家的称号闻名于世.

第6章　定积分的应用

学习目标

知识目标

了解定积分的几何意义；

会利用定积分计算平面图形的面积及立体体积；

会利用定积分解决简单的应用问题．

能力目标

培养学生的观察能力、逆向思维能力及计算能力．

素质目标

通过"化整为零，以直代曲，积零为整，无限逼近"的过程，掌握有限与无限、近似与精确的关系，树立绝对与相对的辩证统一思想．

[任务目标]

① 计算椭圆 $\dfrac{x^2}{a^2}+\dfrac{y^2}{b^2}=1$ 所围成图形的面积．

② 一弹簧受到外力作用时，其长度的改变量与所受外力成正比．已知弹簧受到 9.8N 的力时被压缩 0.01m，当弹簧被压缩 0.05m 时，计算外力所做的功．

③ [电容器充电时电量的计算] 如图 6-1 所示的电路，当开关 K 闭合时，电源 E 就对电容器 C 充电，设电流为 $i(t)$．计算经过时间 T 后，电容器极板上积累的电量 Q 是多少？ $Q=\displaystyle\int_0^T i(t)\mathrm{d}t$．

④ [水箱积水量问题] 如图 6-2 所示，设水流入水箱的速度为 $r(t)$（单位：L/min），问：从 $t=0$ 到 $t=2\min$ 这段时间内流入水箱的总水量 W 是多少？

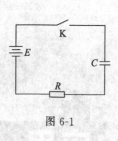

图 6-1

图 6-2

[知识链接]

6.1 定积分的微元法

定积分是高等数学最重要的内容之一，它在自然科学和实际问题中都有着广泛的应用. 利用定积分解决实际问题时，关键是如何把所求的量用定积分表示出来，常用的方法就是所谓的**微元法**. 为了说明这种方法，我们先回顾在第 5 章介绍定积分概念前所给出的引例 5.1 中计算曲边梯形面积 A 的过程：

① 把区间 $[a,b]$ 分成长度为 $\Delta x_i = x_i - x_{i-1}(i=1,2,\cdots,n)$ 的 n 个小区间，相应地把曲边梯形分成 n 个小曲边梯形，其面积为 $\Delta A_i (i=1,2,\cdots,n)$. 于是 $A = \sum_{i=1}^{n} \Delta A_i$.

② 计算 ΔA_i 的近似值 $\Delta A_i \approx f(\xi_i) \Delta x_i$（其中 $x_{i-1} \leqslant \xi_i \leqslant x_i, i=1,2,\cdots,n$）.

③ 求和得 A 的近似值 $A \approx \sum_{i=1}^{n} f(\xi_i) \Delta x_i$.

④ 求极限得 $A = \lim_{\lambda \to 0} \sum_{i=1}^{n} f(\xi_i) \Delta x_i = \int_{a}^{b} f(x) \mathrm{d}x$.

我们对上述过程归纳总结如下：

第①步只是表明了所求量面积 A，对其在区间 $[a,b]$ 上的任意分割具有可加性.

第②步是确定部分量的近似值，即 $\Delta A_i \approx f(\xi_i) \Delta x_i$. 这一步是关键，由此形成了面积微元也就是被积表达式 $f(x)\mathrm{d}x$.

第③步是由分散到集中的过程.

第④步是由近似到精确的过程，即 $A = \int_a^b f(x)\mathrm{d}x$.

一般地，我们可以把实际问题中的所求量 U 通过以下步骤表示成定积分：

① 选取 x 为积分变量，并确定它的变化区间（即积分区间）$[a,b]$.

② 在区间 $[a,b]$ 上任取一小区间 $[x, x+\mathrm{d}x]$，求出这个小区间上所对应的所求量 U 的部分量 ΔU 的近似值，记为 $\mathrm{d}U = f(x)\mathrm{d}x$，称之为 U 的微元（见图 6-3 阴影部分）.

③ 求微元 $\mathrm{d}U = f(x)\mathrm{d}x$ 在区间 $[a,b]$ 上的积分，即得 $A = \int_a^b f(x)\mathrm{d}x$.

这种解决问题的方法通常叫做定积分的**微元法**.

下面我们运用这种方法来讨论定积分在几何及物理方面的一些应用.

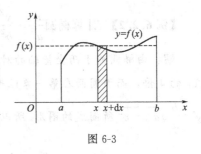

图 6-3

6.2 定积分的几何应用

(1) 平面图形的面积（直角坐标系下的面积）

运用定积分的微元法容易将下列平面图形的面积表示成定积分.

① 当 $f(x) \geqslant 0$ 时，由直线 $x=a$，$x=b$，$y=0$（x 轴）及曲线 $y=f(x)$ 所围成图形面积的微元 $\mathrm{d}A = f(x)\mathrm{d}x$，面积 $A = \int_a^b f(x)\mathrm{d}x$.

② 当 $f(x)$ 有正有负时，由直线 $x=a$，$x=b$，$y=0$（x 轴）及曲线 $y=f(x)$ 所围成图形面积的微元 $\mathrm{d}A = |f(x)|\mathrm{d}x$，面积 $A = \int_a^b |f(x)|\mathrm{d}x$.

③ 由直线 $x=a$，$x=b$ 及上下两条曲线 $y=f(x)$，$y=g(x)$ $[f(x) \geqslant g(x)]$ 所围成图形面积的微元 $\mathrm{d}A = [f(x) - g(x)]\mathrm{d}x$，面积 $A = \int_a^b [f(x) - g(x)]\mathrm{d}x$.

④ 由直线 $y=c$，$y=d$ 及左右两条曲线 $x=\varphi(y)$，$x=\psi(y)$ $[\varphi(y) \geqslant \psi(y)]$ 所围成图形面积的微元 $\mathrm{d}A = [\varphi(y) - \psi(y)]\mathrm{d}x$，面积 $A = \int_c^d [\varphi(y) - \psi(y)]\mathrm{d}x$.

在应用上述公式时，可以省略面积微元 $\mathrm{d}A$ 的表示形式.

【例 6.2.1】 求由曲线 $y=x^2$ 与 $y=2x-x^2$ 所围成图形的面积.

解：解方程组 $\begin{cases} y=x^2 \\ y=2x-x^2 \end{cases}$，得两条抛物线的交点为 $(0,0)$，$(1,1)$；取 x 为积分变量，则积分区间为 $[0,1]$，所求面积为 $A = \int_0^1 (2x - x^2 - x^2) dx = \left(x^2 - \frac{2}{3} x^3 \right) \Big|_0^1 = \frac{1}{3}$.

[问题解决]

【例 6.2.2】 计算椭圆 $\dfrac{x^2}{a^2} + \dfrac{y^2}{b^2} = 1$ 所围成图形的面积.

解：由椭圆关于两坐标轴的对称性知，所求面积为椭圆面在第一象限部分面积 A_1 的 4 倍，而椭圆面在第一象限部分可看成是由直线 $x=0$，$x=b$，$y=0$ 及曲线 $y = \dfrac{b}{a} \sqrt{a^2 - x^2}$ 所围成的图形. 所以椭圆的面积为

$$A = 4A_1 = 4 \int_0^a \frac{b}{a} \sqrt{a^2 - x^2} \, dx$$

令 $x = a \sin t$，则 $\sqrt{a^2 - x^2} = a \cos t$，$dx = a \cos t \, dt$；于是

$$A = 4 \int_0^a \frac{b}{a} \sqrt{a^2 - x^2} \, dx = \frac{4b}{a} \int_0^{\frac{\pi}{2}} (a \cos t)(a \cos t) \, dt = 4ab \int_0^{\frac{\pi}{2}} \cos^2 t \, dt$$

$$= 2ab \int_0^{\frac{\pi}{2}} (1 + \cos 2t) \, dt = ab (2t + \sin 2t) \Big|_0^{\frac{\pi}{2}} = \pi ab$$

当 $a = b$ 时，就是我们所熟悉圆的面积公式.

【例 6.2.3】 计算直线 $y = x - 4$ 与抛物线 $y^2 = 2x$ 所围成图形的面积.

解：直线与抛物线所围成的图形如图 6-4 所示.

解方程组 $\begin{cases} y = x - 4 \\ y^2 = 2x \end{cases}$，得交点为 $(2, -2)$，$(8, 4)$. 取 y 为积分变量，则积分区间为 $[-2, 4]$. 直线方程改为 $x = y + 4$，抛物线方程改为 $x = \dfrac{1}{2} y^2$，所求面积为

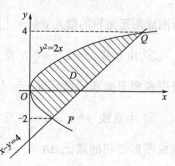

图 6-4

$$A = \int_{-2}^{4}\left(y+4-\frac{1}{2}y^2\right)\mathrm{d}y = \left.\left(\frac{y^2}{2}+4y-\frac{y^3}{6}\right)\right|_{-2}^{4} = 18$$

此例若取 x 为积分变量，则积分区间为 $[0,8]$. 由于在此区间上图形位于下方的曲线是两条，所以应将图形以直线 $x=2$ 分为两个图形，所求面积为

$$A = 2\int_0^2 \sqrt{2x}\,\mathrm{d}x + \int_2^8 [\sqrt{2x}-(x-4)]\mathrm{d}x = \left.\frac{4\sqrt{2}}{3}x^{\frac{3}{2}}\right|_0^2 + \left.\left(\frac{2\sqrt{2}}{3}x^{\frac{3}{2}}-\frac{1}{2}x^2+4x\right)\right|_2^8 = 18$$

由此可见，积分变量选得适当，可使计算简便.

(2) 空间立体的体积（旋转体的体积）

所谓**旋转体**就是一个平面图形绕此平面内一条直线旋转一周所形成的立体. 这条直线称为它的旋转轴. 在这里只讨论以坐标轴为旋转轴的旋转体体积.

我们仍然运用微元法来求：由直线 $x=a$，$x=b$，$y=0$（x 轴）和连续曲线 $y=f(x)$ 所围成的曲边梯形绕 x 轴旋转一周而形成的旋转体（见图 6-5）体积 V_x. 取 x 为积分变量，积分区间为 $[a,b]$，对应于任一小区间 $[x,x+\mathrm{d}x]$ 上薄旋转体的体积近似等于以 $f(x)$ 为底面圆半径、$\mathrm{d}x$ 为高的薄圆柱体体积，于是得到旋转体的体积微元 $\mathrm{d}V = \pi[f(x)]^2\mathrm{d}x$，因此，所求旋转体的体积为

$$V_x = \pi\int_a^b [f(x)]^2\mathrm{d}x, \text{ 或 } V_x = \pi\int_a^b y^2\mathrm{d}x$$

类似地，由直线 $y=c$，$y=d$，$x=0$ 和连续曲线 $x=\varphi(y)$ 所围成的曲边梯形绕 y 轴旋转一周而形成的旋转体（见图 6-6）体积为

$$V_y = \pi\int_c^d [\varphi(y)]^2\mathrm{d}y, \text{ 或 } V_y = \pi\int_c^d x^2\mathrm{d}y$$

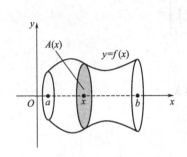

图 6-5

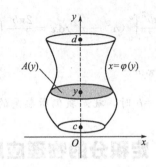

图 6-6

【例6.2.4】 求由直线 $x=0$，$x=2$，$y=0$（x 轴）及抛物线 $y=x^2$ 所围图形绕坐标轴旋转一周而形成的旋转体体积.

解：由上面的公式得，图形绕 x 轴旋转所得旋转体的体积为

$$V_x = \pi \int_0^2 y^2 \,\mathrm{d}x = \pi \int_0^2 x^4 \,\mathrm{d}x = \frac{\pi}{5} x^5 \bigg|_0^2 = \frac{32}{5}\pi$$

当图形绕 y 轴旋转时，取 y 为积分变量，积分区间为 $[0,4]$，而定积分 $\pi \int_0^4 y \,\mathrm{d}y$ 表示的是由直线 $y=0$，$y=4$，$x=0$ 及曲线 $x=\sqrt{y}$ 所围图形绕 y 轴旋转一周而形成的旋转体体积. 因此，所求图形绕 x 轴旋转所得旋转体的体积为以 $x=2$ 为底面半径、$y=4$ 为高的圆柱体体积 $\pi \times 2^2 \times 4$ 减去 $\pi \int_0^4 y \,\mathrm{d}y$，即

$$V_y = \pi \times 2^2 \times 4 - \pi \int_0^4 y \,\mathrm{d}y = 16\pi - \pi \int_0^4 y \,\mathrm{d}y = 16\pi - \pi \frac{1}{2} y^2 \bigg|_0^4 = 8\pi$$

【例6.2.5】 求由椭圆 $\dfrac{x^2}{a^2} + \dfrac{y^2}{b^2} = 1$ 所围成图形绕 x 轴旋转而形成的旋转体体积.

解：如图6-7所示，绕 x 轴旋转形成的椭球体可以看作由上半椭圆 $y = \dfrac{b}{a}\sqrt{a^2 - x^2}$ 与 x 轴所围图形绕 x 轴旋转而得. 取 x 为积分变量，则积分区间为 $[-a, a]$，所求椭球体体积为

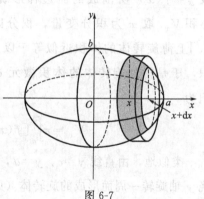

图 6-7

$$V_x = \pi \int_{-a}^{a} y^2 \,\mathrm{d}x = \pi \int_{-a}^{a} \left(\frac{b}{a}\sqrt{a^2 - x^2}\right)^2 \mathrm{d}x$$

$$= \frac{2\pi b^2}{a^2} \int_0^a (a^2 - x^2) \,\mathrm{d}x = \frac{2\pi b^2}{a^2} \left(a^2 x - \frac{1}{3} x^3\right) \bigg|_0^a$$

$$= \frac{4}{3} \pi a b^2$$

当 $a = b$ 时，就是我们所熟悉的球体体积公式.

6.3 定积分的物理应用

定积分在物理学中有着广泛的应用，在 5.1 节引例 5.2 中曾经提到可以用定积分计算变速直线运动的路程问题. 下面再介绍用定积分计算变力做功和液体压力的

问题.

(1) 变力做功

由物理学知道,在大小和方向都不变的力的作用下,物体沿力的方向做直线运动时,力 F 所做的功 $W=Fs$,其中 s 是物体发生的位移. 如果力的大小是变化的,那么变力所做的功就不能如此来计算. 但可以运用定积分的微元法来解决变力做功的问题:

设物体在变力 $F=F(x)$(方向不变)的作用下,沿力的反方向做直线运动. 在直线上任取一小区间 $[x, x+dx]$,该区间上各点处的力近似等于点 x 处的力 $F(x)$,于是得到变力 F 所做功的微元 $dW=F(x)dx$,因此,物体在变力 F 作用下沿直线从点 a 移到点 b 处所做的功为

$$W=\int_a^b F(x)dx$$

[问题解决]

【例 6.3.1】 一弹簧受到外力作用时,其长度的改变量与所受外力成正比. 已知弹簧受到 9.8N 的力时被压缩 0.01m,当弹簧被压缩 0.05m 时,计算外力所做的功.

解:设弹簧被压缩 x 时所受到的外力为 $F(x)$,则由胡克(Hooke)定律有 $F(x)=kx$,其中 k 为弹性系数.

由题设 $x=0.01$m 时,$F(x)=9.8$N,代入到上式得,$k=980$N/m. 所以,$F(x)=980x$. 因此,当弹簧被压缩 0.05m 时,外力所做的功为

$$W=\int_0^{0.05} 980x\,dx = 490x^2 \Big|_0^{0.05} = 1.225 \text{(J)}$$

(2) 液体压力

由阿基米德定律有,在水深为 h 处的压强 $p=\rho gh$,其中 ρ 是液体的密度,g 是重力加速度. 如果有一面积为 A 的平面薄板水平放置在液体中深为 h 处,那么平面薄板一侧所受的压力为 $F=pA$. 如果平面薄板竖直放置在液体中,由于不同深度的点处压强不同,薄板一侧所受的压力就不能如此来计算. 但可以运用定积分的微元法来解决这个问题,下面举例说明其计算方法.

【例 6.3.2】 一直径为 6m 的圆形排水管道,出口处有一道闸门,问管道中水半满时闸板所受的压力为多少(水的密度 $\rho=10^3 \text{kg/m}^3$)?

解:建立如图 6-8 所示的直角坐标系,则图中下半圆表示的函数为 $y=$

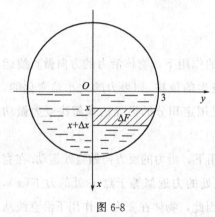

图 6-8

$\sqrt{9-x^2}$，设闸门在第一象限部分所受的压力为 F，则整个闸板所受的压力就是 $2F$. 取 x 为积分变量，积分区间为 $[0,3]$，在第一象限内对应于任一小区间 $[x, x+\mathrm{d}x]$ 上小曲边闸板的面积近似等于以 $\sqrt{9-x^2}$ 为长、$\mathrm{d}x$ 为宽的小矩形面积 $\sqrt{9-x^2}\mathrm{d}x$. 由于在水深 x 处的压强为 $9800\mathrm{N/m^2}$，因而所受的压力微元 $\mathrm{d}F=9800x\sqrt{9-x^2}\mathrm{d}x$，所以第一象限内闸所受的压力为

$$F=\int_0^3 9800x\sqrt{9-x^2}\mathrm{d}x=-4900\times\frac{2}{3}(9-x^2)^{\frac{3}{2}}\Big|_0^3=88200(\mathrm{N})$$

因此，闸板所受的压力为 $2F=176400\mathrm{N}$.

【例 6.3.3】 [电容器充电时电量的计算] 如图 6-1 所示的电路，当开关 K 闭合时，电源 E 就对电容器 C 充电，设电流为 $i(t)$. 计算经过时间 T 后，电容器极板上积累的电量 Q 是多少？

解：$Q=\int_0^T i(t)\mathrm{d}t$.

【例 6.3.4】 [水箱积水量问题] 如图 6-2 所示，设水流入水箱的速度为 $r(t)$（单位：L/min），问：从 $t=0$ 到 $t=2\mathrm{min}$ 这段时间内流入水箱的总水量 W 是多少？

解：$w=\int_0^2 r(t)\mathrm{d}t$.

学习思考

用微元法解决实际问题的思路及步骤是什么？

同步训练

1. 求下列平面曲线所围成的区域的面积

   (1) $y=\dfrac{1}{x}$，$y=x$，$x=2$
   (2) $y=\sin x$，$y=\cos x$，$x=0$，$x=\dfrac{\pi}{2}$

2. 求下列平面图形的面积，并求其分别绕 x 轴，y 轴旋转所形成的立体的体积

   (1) $y+2x=1$，$x=0$ 及 $y=0$
   (2) $y=\sqrt{2x}$，$x=1$，$x=2$ 及 $y=0$

3. 求曲线 $r=2a\cos\theta$ 所围成图形的面积.

4. 求由曲线 $r=\sqrt{2}\cos\theta$，$r^2=\sqrt{3}\sin 2\theta$ 所围的公共部分图形的面积.

5. 一个底半径为 $R(\text{m})$，高为 $H(\text{m})$ 的圆柱形水桶，注满水后要把桶内的水全部吸出，需要做多少功（水的密度为 10^3kg/m^3，g 取 10m/s^2）？

6. 洒水车上的水箱是一个横放的椭圆柱体，椭圆的长轴长 2m，短轴长 1m，求装满水时水桶一端所受的总压力.

本 章 小 结

本章要求理解定积分的几何意义和物理意义，掌握"微元法"思想方法，会求平面图形的面积，会求旋转体的体积，能用定积分的思想解决实际问题.

基础训练

一、选择题

1. 设 $f(x)=x^3+x$，则 $\int_{-2}^{2}f(x)\mathrm{d}x=$（　　）.

   A. 0　　　　　　　　　　　　　　　　B. 8

   C. $\int_{0}^{2}f(x)\mathrm{d}x$　　　　　　　　　　　D. $2\int_{0}^{2}f(x)\mathrm{d}x$

2. 若 $f(x)=\begin{cases}x, & x\geqslant 0 \\ \mathrm{e}^x, & x<0\end{cases}$，则 $\int_{-1}^{2}f(x)\mathrm{d}x=$（　　）.

   A. $3+\mathrm{e}$　　　　B. $3-\mathrm{e}$　　　　C. $3+\mathrm{e}^{-1}$　　　　D. $3-\mathrm{e}^{-1}$

3. 设 $f(x)$ 在 $[a,b]$ 上连续，则下列各式中不成立的是（　　）.

   A. $\int_{a}^{b}f(x)\mathrm{d}x=\int_{a}^{b}f(t)\mathrm{d}t$

   B. $\int_{a}^{b}f(x)\mathrm{d}x=-\int_{b}^{a}f(t)\mathrm{d}t$

   C. $\int_{a}^{a}f(x)\mathrm{d}x=0$

   D. 若 $\int_{a}^{b}f(x)\mathrm{d}x=0$，则 $f(x)=0$

4. $\dfrac{\mathrm{d}}{\mathrm{d}x}\int_{a}^{x}\dfrac{\sin t}{t}\mathrm{d}t=$（　　）.

   A. $\dfrac{\sin x}{x}$　　　　B. $\dfrac{\cos x}{x}$　　　　C. $\dfrac{\sin a}{a}$　　　　D. $\dfrac{\sin t}{t}$

5. $\dfrac{d}{dx}\left[\int_a^b f(t)dt\right] = $ ( ).

   A. $f(x)$ B. $f(b)-f(a)$ C. 0   D. $f'(x)$

二、填空题

1. $\int_0^2 |1-x^2|dx = $ _____；

2. $\int_0^\pi \cos\dfrac{x}{2}dx = $ _____；

3. $\int_{-1}^1 \dfrac{\sin x}{x^2+1}dx = $ _____；

4. $\int_{\pi/4}^{5\pi/4}(1+\sin^2 x)dx$ 的值的范围 _____；

5. $\lim\limits_{x\to 0}\dfrac{\int_0^x \sin t\, dt}{\int_0^x t\, dt} = $ _____.

三、计算下列定积分

1. $\int_0^{\pi/2}\left|\dfrac{1}{2}-\sin x\right|dx$ 2. $\int_0^{\pi/2}\sin x\cos^2 x\, dx$ 3. $\int_0^{\ln 2}\dfrac{e^x}{1+e^{2x}}dx$

4. $\int_1^e x\ln x\, dx$ 5. $\int_1^{\sqrt{3}}\dfrac{1}{\sqrt{4-x^2}}dx$ 6. $\int_0^{\pi/4}\dfrac{x}{\cos^2 x}dx$

四、设函数 $f(x)$ 在 $[0,a]$ 上连续，证明 $\int_0^a f(x)dx = \int_0^a f(a-x)dx$.

五、(1) 求曲线 $y=x^2$，$y=1$ 与 $x=0$ 所围成的平面图形的面积 S.

(2) 求（1）中平面图形绕 y 轴旋转一周所得旋转体的体积 V_y.

[相关阅读]

交流电的电器上所标明的电流

通常在交流电的电器上所标明的电流即为交变电流的有效值.

我们可利用本章所学内容计算正弦交变电流 $i = I_m \sin\omega t$ 经半波整流后得到的

电流 $i = \begin{cases} I_m\sin\omega t, & 0\leqslant \omega t < \dfrac{\pi}{\omega} \\ 0, & \dfrac{\pi}{\omega} < t \leqslant \dfrac{2\pi}{\omega} \end{cases}$ 的有效值.